生命，因阅读而美好！

森欣文化

超越自卑

原著 ［奥地利］阿弗雷德·阿德勒

翻译 周晶晶

河北人民出版社

图书在版编目（CIP）数据

超越自卑 /（奥）阿德勒著；周晶晶译.—石家庄：河北人民出版社，2014.6

ISBN 978-7-202-08808-1

Ⅰ.①超… Ⅱ.①阿… ②周… Ⅲ.①个性心理学Ⅳ.①B848

中国版本图书馆CIP数据核字（2014）第010459号

书　　名　**超越自卑**

原　　著　［奥地利］阿弗雷德·阿德勒

翻　　译　周晶晶

责任编辑　王　铁　付　聪

美术编辑　李　欣

责任校对　付敬华

出版发行　河北人民出版社（石家庄市友谊北大街330号）

印　　刷　三河市鑫金马印装有限公司

开　　本　787毫米×1092毫米　1/32

印　　张　8.125

字　　数　160 000

版　　次　2014年6月第1版　2014年6月第1次印刷

书　　号　ISBN 978-7-202-08808-1/I·1014

定　　价　20.00元

目录

目录

谨将此书呈献给每个家庭，

期望它的每一个成员都能从中学习，

更了解自己。

前言

*What Life Could Mean To You*这本书对我有很大的意义。它是我十五年前阅读的第一本阿德勒著作。当时我担任英国广播公司（BBC）节目制作人，针对非学术学校休学的学生制作非学科节目，观众群为因工作休学，或因其他因素休学后未开始工作的人；节目讨论自我了解、家庭关系、友谊和异性关系。我的工作使我这一辈子都在个人关系的领域里打滚。不过，我对阿德勒的认识仅限于模糊阶段。

所以，阿德勒是什么人呢？1870年他在维也纳出生，名字经常跟当代人士——曾经跟他共事的弗洛伊德和荣格并列出现。为了“抵抗死亡”，他在五岁时就立志要当医生。他在六个小孩里排行老二。小时候他饱受软骨病和声门痉挛症之苦。阿德勒三岁的时候，弟弟罹患白喉，死在他身旁的婴儿床。一年后，他自己也感染严重肺炎，差点丧命。难怪他会兴起让人更健康的强烈欲望。

他于维也纳大学攻读医学，成为首位专业眼科医生，稍后成为普通科医师。他的知识和见解独辟精深，引导时代潮流。他不喜欢只治疗病人的一个症状，喜欢对病人整体个性进行了解，思考他们的社会感和他们如何响应社会。

他的第一本著作是*Health Book for the Tailoring Trade and Study of Organ Inferiority and its Psychical Compensation*。没过多久，他便钻研起神经病学与精神病学，他以常识方式了解整体人格的能力弥足珍贵。

1902年弗洛伊德邀请阿德勒加入他每周召开的讨论会。由于对弗洛伊德的工作非常有兴趣（弗洛伊德较阿德勒年长十四岁，当时已广为人知），于是他加入心理分析学会，不过在加入之初，他便开门见山表明不赞同弗洛伊德的部分理论。阿德勒从不是弗洛伊德的学生。其实，他备受弗洛伊德敬重，是学会相当有贡献和勇于发表思想的一员，同时协助编辑《心理分析期刊》。后来他继弗洛伊德之后担任维也纳心理分析学会主席。不过他俩之间思想距离逐渐拉大，1911年弗洛伊德坚持要全体会员赞同他的性理论，导致阿德勒与其他六位会员毅然脱离学会。阿德勒反对“接受神经症者或正常个体性冲动是精神生活基础的理论。它们从不是导因，是精神、物质和个人努力的方式”。

阿德勒与同僚继而另组“个体心理学学会”此一新学派。用“个体”这个字强调人格的独一无二性和个体性。后来他出版了

《神经症的形成》（*The Neurotic Constitution*）一书。

第一次世界大战期间，阿德勒于军医院担任神经心理科医师。在这里他的贡献逐渐广为人知，他感觉必须把他的思想推广，并有必要付诸实行，以激发个体勇气，发展他们的社会兴趣（社会精神），并协助人类和谐共处。

战后他推展个体发展和社会参与感的热诚遽增，最后于维也纳设立了超过三十所的儿童心理辅导诊所。他传授大批专业人员和非本职人士技巧——一个从未使用过的想法。他跟许多同时代的犹太裔人士一样，受到严重迫害和歧视，不得不逃离欧洲家乡，1935年迁往美国定居，在那里他早已十分知名。长岛医学院特别为他设立医学心理学院院长一职。

阿德勒继续于美国和欧洲应邀发表演说并诊治病人。六十七岁时他行程紧凑，一个月内在四个不同国家巡回做总计五十六场的演说。他业已完成在巴黎、布鲁塞尔和荷兰的工作，1937年5月28日他获邀为亚伯丁大学（Aberdeen University）做演说，却不幸于清晨散步途中心脏病发逝世。

阿德勒对现代思想贡献极为深远。虽然他撰写超过三百本著作和无数文章，但为发扬思想，他依然不遗余力地四处奔波发表演说。在他的一生里，当他辛苦创立的学说和理论遭人剽窃使用时，他亦只轻描淡写地说没有关系，完全不以为意。对他最重要的是，他的思想获得认同和推广，协助每个人充分发展潜能，贡献整体社会，并让每个个体明了自己虽然不同于他人，但跟别人一样平等。

在阿德勒逝世超过五十年后的今天，人类对平等的追求抵达前所未有的强烈和普及阶段。在我们的学校里，学生拒绝回应专制教育；老师抗议他们身为专业的价值未获认同；父母为了替小孩谋取更适当的教育而成立压力团体，在此同时，他们了解小孩不再一味听从，小孩希望有更多选择和责任。男同性恋者和女同性恋者要求获得社会认同的权利。黑人族群极力争取平等。男性不再是家庭里的“上帝或主宰”，跟伴侣合作反而成为他们分内工作。工人为管理层未经咨商即径自做出裁决不满而罢工。如果我们首先不能坚信自己的平等性，我们就无法获得他人的平等对待。当我们对自己跟他人的伙伴关系感觉有自信时，就会相信我们跟他人一样平等。

如今，接受过阿德勒心理理论训练的心理医师和治疗师在美国、加拿大、英国、德国、以色列和全世界许多其他国家里协助学校、父母团体、生理和精神残障儿童和他们的家庭，协助预防不良少年、预防犯罪的工作，以及辅导想要改善工作生活、家庭状况或夫妻亲密合作能力的社会大众。

阿德勒说：“没有一个经验本身是成功或失败的理由。我们不受经验震撼所苦——亦即所谓的创伤（Trauma）——我们反而用它们来满足目的。我们不为经验所定，却给予它们意义自决（Self-determined）……一旦我们发现并了解一个人赋予生命什么意义后，就掌握了他整体人格的关键。”阿德勒是首位坦承这个想法并不创新的人。据说原是奴隶，后来变成哲学家的伊匹提塔斯（Epictetus，AD. 50 ~ 120）曾提出非常类似的论点说：“人不为事物所惑。当我们遭遇困难，变得焦虑或心烦时，让我们不要怪罪别人，我们反而要责怪自己，也就是说，我们被我们自己对事物的想法所惑。”约翰·弥尔顿（John Milton）在他的第一本著作《失乐园）（*Paradise Lost*）里写道：“心灵自有其所，心灵本身能让天堂形同地狱，地狱形同天堂。”

阿德勒，以他充满创意的心和科学的背景，能够了解人的所有问题都是社会问题。个体心理学让我们没有怪罪他人的空间，我们反而必须为自己的选择和决定，为所造成的后果负责。我们自决并充满创造力；我们受我们的目标所导引，尽管我们可能浑然不明自己的目标是什么，而且阿德勒把我们每个人看成一个和谐体（Unity）。一旦认清目标，我们就能够了解自己行为的目的。

阿德勒认为生命问题的解答就是“社会兴趣”（Social Interest）——一种跟全体人类联结的感觉，如果我们要对社会充分贡献一己之力，就必须付诸行动。“生命遭遇的最大困难，以及造成他人最大伤害的，就是那些对人类没有兴趣的个体。就是这类个体导致人类所有的失败泉涌而起。”

有一个周末，我去参加一场由阿德勒学会主办的研讨会后，我毅然决定追随阿德勒的脚步，成为一个心理医生。我所有的工作完全以个体心理学为基础，因为它对大多数个案都极为有效。人们能借由了解童年早期对自己和他人建立出哪些错误观念，对自己取得更深一层的认识，而且他们在极短期间内就能采取正面步骤，重新把在童年时期因少不更事放弃或不了解这将影响他们一生的能力，重新找回来。

我希望阿德勒在这本书中所表达的乐观思想，对你就跟对我一样有用，同时希望你能跟他一样，了解我们都能选择改变。

《瑞塔 · 尤铎（Rita Udall）英国阿德勒学会副主席》

第一章
生命的意义

人活在“意义”的领域里。对于事物，我们的经验不是抽象的；我们始终以人的立场去体验它们。即使对于它的根源，我们的经验仍以人的认识了解做标准。“木头”指“木头跟人的关系”，“石头”指“人类生命一项要素的石头”。任何试图去考虑状况而排拒意义的人，都会非常不幸：他隔绝起自己，他的行为对他自己，或对别人，都会毫无用处，总而言之，他们的行为会毫无意义。不过，没人能跳脱意义的范畴。唯有透过我们认为的意义，我们才体验到现实；但那不是事物本身，而是某种诠释过的东西。于是，自然而然，这个意义总是或多或少地不圆满，或不完整，甚至永远都不能是正确的。因此，意义的领域就是错误的领域。

如果我们问某个人：“生命的意义是什么？”或许他根本就

答不出来。通常人不会拿这个问题自找麻烦，或尝试去寻找出任何答案。但这个问题就跟人类一样古老，在我们的一生里，年轻人，还有年龄较长的人，有时会追问："生命为的是什么？生命是什么？"然而，可以这么公平地说，他们只有在为某些挫折所苦的时候，才会提出这些问题。只要他们凡事平顺，没有挫折磨难，这个问题就绝不会被提及。反而是在行为上，每个人都不能避免地提出这些问题，并予以回答。如果我们不去聆听，而专心观察行为本身，我们就会发现，其实每个人都已设立了他个人的"生命意义"，而他所有的意见、态度、举动、表达、格调、野心、习惯和个性特色，都根植于这个意义。每个人的行为就好像他能依靠一个确实的生命诠释一样。他所有的行为，隐含着一个他对世界和他个人的结论，就像判决一样：我就是这样，宇宙就是那样，一个他给自己，以及他所认为的生命意义。

人有多少，生命的意义就有多少，或许就如我们先前提过的，每个意义都有某些程度上的错误。没人知道什么才是生命绝对正确的意义，所以我们也不能说，任何有用的诠释绝对是错的。所有的意义在这两个限制间都有差异。不过，在这些差异里，我们能够辨识出来，有的极为有效，有的成效较低；有些错误小，有些错误大。我们能找出较佳的诠释有哪些共同点，还有较不令人满意的诠释缺少了什么。从中我们能找出一个真理的共同标准，一个共同的意义，促使我们把人类关切至今的现实解读出来。再来，我们必须牢记在心，这"真理"是为了人类的真理，是为了人类目的和目标的真理。除此之外，再没其他真理。

即使真有其他真理，也不会影响我们，我们永远不会知道，那是毫无意义的。

◎生命的三项工作

每个人都在三大限制下生活，他必须顾及这些限制。他所面对的每个问题或疑问都由它们而起，所以它们为他构成现实。由于他不断面对它们，他总被迫要回答和处理这些问题，而我们可由他的答案里，找出他个人对生命意义的诠释。

第一个限制是我们都生活在地球这个小星球的表面上，没有其他地方可去。我们必须尽力在地球有限的资源和限制下生活。我们必须注重身体和心理健康，以让我们能够继续个人在地球上的生命，并协助确保人类生命的延续。这个问题挑战每个人，没人规避得了。不论我们做什么，每个行为都是我们个人对人类生命的一个答案：它们显示出我们认为必要、适合、可能和期待的东西。每一个答案都必须顾及我们是人类的一分子，并聚居在这个地球上的事实。

现在，如果考量到人体的脆弱，我们所在的这个地方潜藏着的危险，为维护我们的生命以及人类的福祉，重新评估我们的答案，让其具有远瞻性和清楚的意义，对我们就变得十分紧要。这就像做一道数学题目一样，我们必须努力找出解答。不能随便或瞎猜，我们必须持续努力，用尽方法，把答案找出来。虽然我们未必能找到一个能够彻底解释真理，绝对完美的答案，但必须竭尽所能，找出一个最适合的答案。此外，我们必须持续努力，找更好的解答，而所有答案都必须把我们局限在地球上，以及把我们所处地位的全部优势和劣势等事实都考虑在内。

到这里我们谈到第二个限制，就是我们中没人是人类的唯一成员。我们周围有别人，我们的存在跟他们脱离不了关系。由于个体的弱点和限制，如果一个人孤立，他绝对达成不了个人的目标。如果一个人独自生活，试图单独解决问题，他一定会灭亡。他继续不了自己的生命，也无法延续人类的生命。由于个人的弱点、短处和限制，他总是跟别人联结在一起。对他个人的利益，以及对人类的福祉而言，伙伴关系的贡献最大。因此，对生命问题的每一个答案，都必须把这个限制考虑在内；必须考虑我们的生活与别人息息相关，我们孤独必亡的事实。如果要生存，即便是我们的情绪都必须顺应这个最伟大的课题、目的和目标：在这个我们与人类伙伴共栖的星球上，延续我们个人的生命，以及人类的生命。

我们还受到人由男女两性构成这第三个限制的支配。个体和全体生命的存续也必须把这个事实考虑在内。爱情和婚姻难题源自这第三个限制，没有一个男性或女性能够回避它。每个人对这个难题的反应，构成他个人的答案。人类有许多解决这个难题的方法，行为总显露出他们相信的唯一答案。

因此，这三个限制引出三个问题：首先，在我们所居住星球自然环境的限制下，如何找到一个职业，让我们能够生存下去；其次，在芸芸众人里，我们如何自我定位，以让我们能相互合作，并分享合作的利益；第三，我们怎样去调适两性，而且依靠这两性关系延续人类生命的事实。

个体心理学发现，人所有的问题可以归纳成三大类：职业性，社会性，以及性方面的问题。每个人对这三个问题的回应里，都不免透露出个人对生命意义的诠释。打个比方，假设有一个人爱情生活不如意，或缺乏爱情滋润，职业表现不如意，朋友寥寥无几，而且与别人接触时感觉痛苦不堪。那么，由于他的自我设限，我们可以总结说，他把活着视为一件既艰难又危险的事情，机会稀少，失败连连。他行为上的狭隘为他表达出意见：“生命指保护自己，避免受伤，封闭起自己，不受伤害。”另一方面，假设有一个人爱情关系既亲密又契合，工作成就卓著，朋友很多，人际接触广泛又丰富。那么，我们可以做出结论说，这个人把生命看成一件创造性十足的差事，充满机会，没有克服不了的挫折。他面对所有生命问题的勇气，就像是在解释说：“生命指对人有兴趣，成为全体的一分子，并为人类福祉贡献一己之力。”

◎社会感

在这里我们会找出所有错误的“生命意义”和所有真实的“生命意义”的共同点。神经症者，精神病人，罪犯，酗酒者，问题儿童，自杀、变态和卖淫的人，所有这些人的失败，都是因为他们欠缺同伴感和社会兴趣引起的。碰到工作、友谊和性方面的问题时，他们对通过合作来解决问题的方式没有信心。这表示生命对他们的意义是私己的：没人能由他们个人的成就里获益。他们成功的目标其实是一个纯粹假想的优越目标，他们的成功只对他们自己有意义。

以杀人犯为例，他们坦承杀人是由于手里拿着武器时的一股权力感作祟，但这明显表示，他们的重要性只有他们自己。对于其他人的我们来说，我们想也想不透，怎么有一件武器在手就可以产生优越价值来。一个私己的意义其实一点意义都没有。唯有交流，意义才可能真实：只对一个人有意义的话，实际上是毫无意义的。我们的目标和行为也一样：它们唯一真实的意义，就是对他人有意义。每个人都努力想让自己变得重要，但如果不能认清自己的重要性，让自己对他人生命做出贡献，则人始终有错。

有一个小教派教主的故事。有一天，她召集所有信徒，跟他们说世界末日将在下个星期三来临。她的信徒深信不疑，马上变卖财产，不顾世事，一心等待着这场大灾难。到了星期三这天，一天如常过去。星期四他们找教主要求解释。“看看你是怎么把我们搞得一团糟的，”他们说，“我们抛弃一切，告诉所有遇到的人说，世界末日将在星期三来临，当他们讥笑的时候，我们不但一点儿也没灰心，还再三强调它的真实性。如今星期三来了又去，一切却相安无事，世界依然存在。”

“是我的星期三，”这位女先知辩护说，“不是你们的星期三。”在此方式下，她以一个仅对自己有利的意义来自我抗辩。一个有利于自己的意义永远无法测试和获得证实。

所有真实的“生命意义”都有一个特征，就是它们皆是普遍的意义，他人能够分享与接纳的意义。一个有效解决生命问题的方法，往往也为他人树立典范，因为我们会由其中看见常见问题。即使天才也不过被定义为“至高无上的有用性”：当某个人的生命对多数人具有重大意义且获得认同时，我们即称他为天才。所以，天才赋予生命的意义往往即是：“生命表示贡献全体人类。”在这里我们不是在表白动机，我们暂且放下这类主张不谈，反而把重心放在具体成就上。遭遇生命问题的人成功克服问题，仿佛他彻底和自然地认清生命的基本意义，就是为他人的利益着想，并与他人合作。他做的每一件事情似乎都是为了人类同伴的利益，他以不影响他人的利益为前提，试图克服个人遭遇的难题。

或许对许多人来说，这是一个全新的观点，而且可能怀疑我们说生命的意义实际上是贡献，为他人的利益着想，并与他人合作的这个说法正确与否。他们可能问：“但个人呢？”如果总是为他人着想，为他人的利益奉献，那么他个人不是会受伤害吗？有些个人为了获得适当发展，他们不是至少得先为自己着想吗？有些个人不是应该先学习保护自己的利益，或者强化他们的个性吗？

我相信这种观点是个极大的错误，而且它所提出的问题是虚假的。如果一个人希望他的生命意义是提供贡献，而且他致力于往此目标前进的话，那么他自然会朝能够让他做出贡献的最好方向去发展。他会让自己符合他的目标：他将发展出社会感，并且透过实际参与取得更多技巧。一旦目标设定完成后，训练即接踵而来。之后他会开始自我充实来解决人生问题，以及发展他的能力。让我们拿爱和婚姻为例。如果我们对伴侣有兴趣，尽力舒缓和丰富伴侣的生命，我们自然会展现我们所能够做到的最好一面。假如我们认为必须像吸尘机般发展个性，不愿为他人的生命做任何贡献，我们只会变得专横和不快乐。

生命的真实意义取决于贡献和合作的推论，里面含有另一个深意。如果我们环顾今日由前人处继承而来的周围环境，我们看见什么？现在我们拥有的一切都是前人为人类生命贡献的遗迹。我们看见耕种的土地；我们看见道路和建筑物。透过传统、哲学、科学和艺术，以及处理人类状况的技术，我们看见他们人生经验的果实。所有这些事物，都是为人类福祉贡献的先人遗留给我们的。

那么，其他人呢？那些从未跟人合作，有其他生命意义，只问“我能由生命里获得什么”的人呢？他们死后未曾留下痕迹。他们不仅死了；他们的生命亦毫无价值。仿佛我们的地球跟他们说了：“我们不需要你。你不适合生命。你的目的和努力，你自认的价值，你的心灵没有未来。走开吧！我们不要你。离开这个人世消失吧！”不把合作当做生命意义的人，他们获得的最后判决总是：“你毫无用处。没人要你。走吧！”当然在现今的世界和文化范畴里，我们能够找到许多的不完美。我们发现有不怎么令人满意的地方，我们必须改变，但是这个改变必须以人类福祉做进一步贡献为宗旨。

一直以来都有很多人明白这个事实，了解生命的意义是为维护全体人类的福祉，并且试图发展社会兴趣和爱。我们发现所有宗教信仰皆关切人类的解救。世界所有重大的演变皆以增进社会福祉为目标，而宗教即朝此方向进行最大努力。然而，宗教经常被误解，除了既有的努力外，它们很难再做更多，除非这个人类共同的目标更进一步发扬光大。个体心理学以科学方式达成相同结论，并且建议以科学方法来达成这个目标。我相信这是往前的一步。也许科学增进人类对其他人类伙伴和全体人类福祉的利益，能够比其他如政治或宗教等所主导的变革达成更多。我们以不同角度看待一个问题的同时，立意依然相同——增进他人的利益。

由于我们所赋予生命的意义，就跟以往一样，变成生命的守护天使或欲望的恶魔，所以了解这些意义的形成原因，以及如何修正以避免铸成大错，显然对我们极为重要。所以心理学与生理学或生物学明显不同：让我们对意义，以及它们对人类行为和人类命运的影响有一个了解。

◎早期童年经验

从我们最早期的初始摸索开始，我们就已能够辨识出这个“生命的意义”。即使一个婴儿亦努力探查他个人的力量和他在所处世界的分量。生命抵达其第五十年末期时，一个人已经采纳一个统一和具体的行为模式，拥有他个人与众不同的风格来面对问题和工作，我们称之为他的“生活风格”（Life Style）。他对世界和对他自己的期许，已经建立出一个最深层和最长久的概念。从此以后，他以一套既定的眼光来看世界。他先诠释经验再决定接纳它们与否，而这诠释总以这个小孩赋予生命的原始意义为根据。

即使这个意义严重错误，即使我们面对问题和工作的方式被误导，导致我们一直不幸和不快乐，我们从未准备放弃它。唯有重新思考有过失的状况，认清过错和调整既定的方向，我们对生命意义认知上的错误方能获得修正。在极少数情况下，或许一个误导的方法所导致的后果，能够强迫一个个体认清生命的意义。接着他可能成功自行调整出正确的方法。然而，若没一些社会压力，或者他未领悟若继续沿用老方法等于是自我毁灭，他绝不可能跨出新的一步。总体而言，调整一个个体生活风格的最有效方法，就是去寻求某些受过心理学训练，了解这些意义的人的协助，帮助个体找出错误根源，并且给个体一个较适当的建议。

让我们来对童年状况可能不同的诠释来做个简单说明。童年不愉快的经验可能导出相当反面的意义，因此导致不同个体对生命意义的诠释大相径庭。举例而言，一个人可能暗自深陷在童年不愉快的经验里，所以一直在未来寻求弥补。他会认为，“我们必须努力去除这些不幸状况，确保我们的小孩在更好的状况下成长。”另一个有类似经验的人可能感觉：“生命不公平。其他人总是获得最好的东西。如果这个世界如此对待我，为何我还应该要对待这个世界好些？”所以有些父母会批评他们的小孩说：“我小时候也受一样多的苦，但我还不是挺过来了。为什么他们不应该跟我一样？”第三个人可能感觉：“由于我的童年不快乐，我应该获得原谅。”无论是哪一个案例，他们对生命意义的诠释都表现在他们的行为上，而且除非他们改变他们的诠释，不然他们的行为永远也不会改变。

这即是个体心理学由决定论分歧而出的地方：没有任何一个经验本身就是成功或失败的导因。我们并非因经验的震惊而受伤害，亦即所谓的创伤（Trauma），而是利用它们来满足我们的目的。我们并未受经验驱使，而是根据我们给予它们的意义来自我驱策，当我们拿特别经验作为未来生活的根据时，当然我们即蒙受某种程度的误导。意义并非取决于状况而有所不同。我们依我们给予状况的意义来做决定。

生理障碍

然而，某些童年状况经常导致严重错误的意义，而且大多数失败皆来自经历类似状况的儿童。婴儿时期经历身体残障，疾病或病痛的儿童即属此类。这类儿童经历许多艰苦，而且发现难以感受贡献社会即是生命的意义。除非有一位与他们亲近的人，能够协助他们把注意力由本身问题上移开，让他们对别人产生兴趣，否则他们多半会沉溺在自己的世界里。而且在今日社会里，同辈的怜悯、嘲弄或排斥可能亦更加深他们的自卑情结。所有这些状况可能让这类儿童变得内向，失去扮演社会有用分子的希望，认为他们个人遭受世界的欺侮和屈辱。

我认为我是描述生理器官不健全，或腺分泌异常儿童所遭遇困难的第一人。这门科学虽已获得长足进展，但却几乎不沿袭我所乐见的路线发展。一开始我的出发点是在寻求克服这些困难的方法，并非把这些失败归咎于遗传或生理状况。没有一项生理缺陷足以迫使一个个体发展出一种扭曲的生活风格。我们从未发现两个缺陷相同的儿童受到完全相同的影响。其实，我们经常看见儿童克服他们的困难，而且在克服困难的过程里，他们掌握了不寻常的有用技能。

因此，个体心理学不是一个优生选择计划。许多最卓越人士，对我们的文化有极大贡献者，他们天生即有生理缺陷；许多人为健康不佳所苦，有些人英年早逝。这些人在跟生理与物质困难艰苦奋斗的过程里，经常开创出科技领先路径和发明。奋斗使得他们坚强，并让他们奋勇向上。我们不能单凭生理征兆来评判心灵发展方向的好坏。不过，迄今大多数天生具有生理和内分泌缺陷的儿童，皆未获得正确方向的训练。他们的困难未获了解，因此大部分变得非常自闭和沮丧。这是我们发现早期有生理失能负担的儿童何以会有如此许多失败的原因。

骄纵

第二个经常把生命的意义导向错误诠释的状况是骄纵的儿童。被宠坏的小孩在别人对他期望极低的环境下长大。他被授予不劳而获的权力，而且他会逐渐以为这份权力是与生俱有。结果只要他不是别人注意力的焦点、别人不把他的感觉作为第一前提的时候，他即会大感挫败。他主要的兴趣目标是他自己，而且他从未学习合作的用处和必要性。当他遭遇困难时，他只有一个解决办法，即是求助于人。他相信只要能够重获他权力的地位，他就能够强迫别人认同他很特别，而且理所当然地认为他应该获得他想要的一切。如此一来，他的地位才会获得改善和提升。

长大成人后，这些宠坏的小孩可能成为社会上最为危险的一群。他们中有些人可能展现亲切的一面；他们甚至可能变得非常“惹人怜爱”，以维护支配他人的机会。但是当他们被要求像正常人那般与他人合作、被要求从事平常人的工作的时候，他们就会产生逆反心理而抗拒不从。有些人则公然挑衅：当他们不再能找到唾手可得的温暖和默从时，他们就心理失衡。他们感觉整个社会与他们为敌，所以试图以报复来对抗。而且如果社会对他们的生活方式显现出敌意（大有可能），他们即拿这份敌意作为个人遭恶劣对待的新证据。这即是惩罚永远没用的原因。他们纯粹认为“每个人都跟我作对”。但是无论宠坏的儿童抗拒不从或公然挑衅，无论他试图以哀兵姿态来满足其支配欲或以暴力报复，其实他的行为完全源自他世界观的错误。我们甚至发现，有人视情况而定兼用上述两种方法。他们的目标维持不变。他们感觉“我就是生命里的老大，我要被认同为最重要的人，取得我想要的一切东西”，只要他们保持着这种生命的意义，他们采用的每个方法都会是错误的。

冷落

一个受冷落的小孩容易经常犯下错误。这样的一个人永远也不明白爱与他人合作的重要性。他对生命所架构出来的诠释，就是不包含这些正面的力量。当他面对生命的问题时，不难了解他会高估困难和低估自己拥有的能力，并且无法与他人的善意和协助结合，进而解决问题。他发现社会冷漠和不友善，而且会一直以为社会就是这样。他尤其不会明了他做对别人有用的事情，能够为他赢来爱和尊敬。因此，他会猜疑别人，也不能够信任自己。

实际上没有任何一个经验能够取代得了无私无欲的爱。一个母亲最重要的工作即是给予她的孩子一个“别人”值得信任的第一经验。之后她必须扩展和加深这份信任感，直到它成为这个小孩的成长环境。如果她没做好这第一个工作，为小孩建立社会兴趣、爱和合作的观念，小孩将难以发展出参与社会的兴趣，以及难以与周围小朋友产生伙伴感。每个人都有对他人有兴趣的能力，但这个能力必须训练和练习，否则它将发展不良。

假如我们研究一个极端受冷落受憎恶或受遗弃儿童的个案，我们可能发现他懵懂不知有合作这个意义的存在，他自我隔绝，不能够跟他人沟通，完全不知所有能够协助他和别人相处的东西。于是，如我们已有的了解，在这些状况下成长的个体会腐坏。一个小孩能成功度过婴儿期存活下来的事实，证明他获得某些程度的关心和注意。因此，没有完全受冷落的儿童案例；我们只有获得少于一般照料或者某方面受冷落的儿童。总而言之，有足够的资料显示，受冷落的儿童即是实际上从未发现他人“值得信任”的儿童。在我们的文明社会里，如要说生命里如此多的失败都来自孤儿或私生子，而且必须把这种小孩纳入受冷落小孩的一群，我们真的感到很悲哀。

上述三个状况：生理障碍、娇纵和冷落，经常让人对生命的意义做出错误的结论。经历这些状况的儿童，在调整解决问题的方法上几乎总需要协助。他们必须获得协助，对生命产生较佳的了解。假如我们留意这些人，实际意思是说，如果我们对他们真有兴趣，以及以此方向训练我们自己，我们将能够由他们的行为里看出他们对生命价值的理解。

◎初始记忆与梦

一项针对梦的调查结果可能有用：一个人在梦中生活里的个性，相同于实际生活，但在梦里，社会要求的压力较不激烈，由于保护和隐藏较少，人的个性将真实呈现出来。然而，剖析梦最大的帮助，是打开一个人储藏他所赋予自己和生命意义的记忆库。每个记忆，无论他认为多么微不足道，都一样重要，因为它们一定有其意义存在，所以他才会把它们记忆下来。而且每个记忆代表他看待生命的一幅图画。它（记忆）跟他说“这是你必须期待的东西”或者“这是你必须避免的东西”。或者甚至认为：“生命就是这样！”我们必须再次强调，经验本身不像它在记忆里留下的意义重要，而且这个意义被作为建立生命意义的参考。每一个记忆皆是一个经过小心选择的备忘录。

早期童年记忆特别有用，它们显示出个体对生命具有某个特别看法已有多久，而且可以展现出他在什么状况下，形成他对生命的第一个态度。最初，记忆占有重要地位原因有二。首先，它包含个体评估自我和所处状况的基础。是他对自己外表的第一个结论，是他第一个或多或少代表自我的征兆，是他对加诸身上要求的第一印象。其次，它是他主观的出发点，是他一生写照规划的开始。因此，我们经常发现，它是一个对状况脆弱、不适当的认知，以及有力、安全理想目标间的对照。一个个体最初始的记忆，是否真是他能够记得的首次事件，或者是否为一个真实事件的记忆，这些对心理学的目的并不重要。记忆重要的是它们所代表的意义，它们对生命的诠释，以及它们对过去和未来的意义。

让我们来审视一些初始记忆的例子，看看它们代表哪些“生命的意义”。“桌上的咖啡壶掉下来，把我烫伤了。”生命就是这样！以此方式开始一生的女孩，她充满一种无助感，以及高估生命里的危险和困难，我们对她有这种发现一点儿也不惊讶。我们也不该惊讶在她的心里老是会有一股别人没把她充分照顾好的感觉。一定有人不小心，才会让这么小的孩子暴露在这种危险之中。我们由另一个初始记忆里看到一个类似的图画：“我记得三岁的时候由婴儿车上掉下来。”这个初始的记忆导致一个不断重复的梦：“世界即将毁灭，我在半夜醒来，发现天空被火烧得通红。星星陨落，我们即将撞击另一个星球。但我却在撞击发生前惊醒过来。”说这话的病人是一个学生，当被问及是否有令他害怕的事情时，他回答说：“我害怕我的生命不能成功。”这清楚显示他的第一个记忆和他不断重复的梦让他情绪低落，导致他害怕失败和发生大灾难。

一个十二岁的男孩由于遗尿症（尿床）且不断与母亲做对而被带来诊所。他说出他第一个记忆是："妈妈以为我走丢了，跑去街上喊着我的名字找我，我大受惊吓。其实我人一直躲在家里的碗柜里。"我们能够从这个记忆找出诠释："生命表示，惹麻烦就能引起别人的注意。借由欺诈的方式取得安全感。虽然我受监视，但我能愚弄别人。"他的遗尿症即是他保持自己成为别人担忧和注意中心的一个最佳方式，而他的母亲确认他会如此诠释生命，是源自他的焦虑和小题大做。

跟先前例证一样，这个男孩早期获得的印象是：生命在外在世界里充满危险。而他归纳出结论，只有使其他人在意他，他才会安全。这是他能够确保自我安全的唯一方式，若他需要，别人就该保护他。

这里是一个三十五岁女性的初始记忆："黑暗中我正下着楼梯，这时我的一个堂兄，年纪比我稍大一点，突然打开门跟在我的后头。我很怕他。"可能由于这个记忆，所以她从小就不喜欢跟其他小孩玩耍，异性尤其更让她特别不安。我猜测她是家中独生女，证实也确实如此，如今三十五岁的她依然单身独处。

以下的记忆显示出一个更高度发展的社会感："我记得妈妈让我推妹妹坐着的婴儿车。"然而，在此案例下我们发现，只有跟较弱小的人在一起时，这个人才显出舒适的征兆，也许这个人非常依赖母亲。当家里有新小孩时，取得家里较大小孩的合作，让他们帮忙照顾，使得他们对家里的新成员发生兴趣，并要为他的幸福分担责任，这是最佳的方式。如果父母能够取得他们的合作，较大的小孩就不会产生这个小婴儿获得全部的注意力，并且取代了他们的重要性，然后他们必须要争宠的这种想法。

与他人相处的欲望并不表示对他人真正有兴趣。有一个女孩被问及她的第一个记忆时回答说：“我跟姐姐和两个女生一块儿玩耍。”由这里我们当然能够看出一个小孩接受社交训练。不过，她提起她最大的恐惧是“我害怕自己孤单一个人”。我们获得一个全新的看法，因此，我们可以看出这是她缺乏独立感的征兆。

一旦我们找到并了解一个人的生命意义后，我们就有开启他全部个性大门的钥匙。偶尔有人会说：“江山易改，本性难移。”但这句话只适用在个性症结从未被解开的人身上。诚如我们的了解，如果不找出原始症结，再多辩论或治疗亦无济于事，唯一能获得改善的方法就是让一个人透过训练，采取一种更合作和更勇敢的生活方式和态度来面对生命。

◎学习合作的重要性

合作是我们对抗神经症倾向的唯一保护。因此，小孩应该接受合作的训练和激励，应该允许在同龄小孩里找出自己的方向，像一般工作和游戏都是非常重要的。任何妨碍合作的障碍，都会导致严重后果。我们拿宠坏的小孩为例，他们只学会维护自我利益，只对自我有兴趣，所以他们也会带着这份对别人缺乏兴趣的感觉去上学。他对功课有兴趣，是因为他以为这样就能取得老师的喜爱。他只会听取他认为对自己有利的东西。随着他逐渐长大成人，他的缺乏社会感会越来越明显。从他曲解生命的意义开始，他就终止责任和独立的训练。如今只要在生命的历程中遭遇到任何困难和挫折，他就因本身应付能力的不足而痛苦不堪。

我们不能把这个小孩早期的错误归罪给大人。当他开始为后果所苦的时候，我们只能协助他做补救。我们不能期待一个从未学过地理的小孩拿到地理科目测验的高分。同样道理，我们不能期待一个从未受过学习训练的小孩，做需要合作的工作时，有得体的表现。但人若要解决人生的问题，就必须具有合作的能力，每一项工作必须符合人类社会的体制，每一个工作的方式都必须以进一步推展人类福祉为目标。只有了解生命意义在于贡献，才能够以无畏的勇气面对困难，并且有机会成功。

如果老师、父母和心理学家了解有哪些错误能够误导他们的人生观，而且只要他们不再犯下相同错误，我们就能有信心让这些缺乏社会感的小孩，发展出较佳的能力和机会。当他们遇见困难时，他们不会停止尝试；他们不会寻求容易脱身的办法，试图逃避或把负担加在别人的肩上；他们不会感觉受羞辱和寻求报复，或者提问："生命有何用处？我们能由它那里获得什么？"他们会说："我们必须创造自己的生命。这是我们个人的工作，而且我们有能力做到。我们是自己行为的主人。如果有新事要做或有旧东西要抛开，除了我们自己，没人能够做到。"假如生命以此方向前进，在独立的人类的合作下，人类文明的演进将无疆无界。

第二章 心与身

◎心与身的互动

人总是为心支配身或者身支配心的问题辩论不停。哲学家亦加入争议行列，各自支持前述其中一个观点。他们自称是所谓的理想主义者或物质主义者，提出的论点数以千计，但这个问题似乎尖锐如前，依然悬而未决。也许个体心理学能够为其解答提供贡献，因为个体心理学真正关切的是心与身的日常互动关系。一个人，带着她的心与身来找我们做治疗，倘若治疗错误，我们就不能帮助她。因此，我们的理论必须以经验为基础，而且必须通过实际应用的测试。我们必须处理这些互动的结果，而且极有可能找出正确的观点。

个体心理学发现，除去许多来自这个问题的紧张和冲突，它不再单纯是一个“非A即B”的议题。我们发现心与身两者皆是生命的表征。我们开始明了，它们在生命全体里的交互关系。人类生命依靠演化延续，光靠身体的发展还不足够，因为演化隐喻智慧的管理。

一颗植物根深蒂固：它停留在某处移动不了。所以，若我们发现一颗植物有心灵，或者拥有我们能够了解的某种知觉，会相当令人讶异。如果甚至一颗植物都能预见后果，那么机能对它即毫无用处。如果这颗植物能够思想：“有人来了。一会儿他便会踩到我，我会不会被他踩扁呢？”这对它又有何益处呢？因为反正它怎么也移动不了。

然而，所有会移动的东西都能预估事件，以及决定移动方向。这意味着它们拥有心灵或灵魂。

“知觉，当然你有，
不然你就不会有行动。”

哈姆雷特，第三幕，第四景

这种期待和直接的行动能力是心灵原则的中心。只要对它有所认识，我们就能够了解心如何支配身：心为身的动作设定目标。只是研究刹那突发的一个动作的动机永不足够：这个努力一定有其目标。由于这是心灵决定行动目标的机能，所以心灵具有驾驭的力量。但是由于身体负责动作，所以身体对心灵亦具有一定的影响力。心只能在符合身体的机能和极限下，支配身体动作。举例而言，假如心要身移去月球，除非能找到克服体能极限的技术，否则它的要求一定会失败。

人类的动作远比其他生物多。不仅以更多方式动作，我们更可由手部所能动作的复杂度取得了解，而且人有能力借由动作来影响环境。因此，我们或许期待人类心灵的前瞻力会高度发展，以及会有明证展现人类为改善环境而努力和奋斗。

此外，我们发现，每一个人类为部分目标做部分动作的背后存在着一个单一或总括的动作和目标。我们所有的努力都是为了获取一种安全感，一种所有生命难题都被克服，最后与周围状况合而为一的安全和胜利的感觉。为了达成这个目标，所有动作和表现都必须协调和统一。为了达成一个终极的理想目标，心被强制发展。

身体亦同。身体亦努力变得和谐，朝一个它在胚胎时期即已存在的理想目标发展。举个例子，如果皮肤破了，身体会将它再度修复。然而，身体的潜能并不纯粹单独扩展，心灵能够协助它的发展。心灵锻炼的价值，以及总体的心灵健康的重要性，已大幅获得证实和推崇。在心灵朝此终极目标努力的补给下，这些都是辅助身体发展的工具。

从生命的第一天开始，到结束的最后一日为止，这种成长和发展的伙伴关系持续不断。身与心作为一体两个不可分的部分合作着。心灵像个马达，探寻身体所有能够发现的潜能，帮忙为它带来安全性和坚固性。我们可由身体的每一个动作、每一个表情和表征里看出心灵目标的印记。一个人移动，那个动作一定有其意义。他移动他的眼睛、舌头、脸部肌肉，他的脸有了一个表情，一个意义。是心灵把意义写在脸上。现在我们能够开始了解心理学，或者心灵科学真正处理些什么问题。心理学的目的在探索一个个体所有行为表现的意义，找出他的目的，再与其他人的目的做比较。

心灵在努力获取安全感的时候，总是把目标具体化：计算安全感在哪里、它如何能取得。当然它可能在这里转错方向，但是如果没有一个明确的目标和清楚的方向，就不可能会有动作。如果我移动手臂，我的心里对此动作一定已有目标。心灵所选择的方向有时可能导致灾难，但这方向之所以获选是因为心灵被蒙骗，误以为这个方向最为有利。安全感是所有人类寻求的共同目标，但有些人却做出错误的结论，往错误方向出发，以致误入歧途，自我堕落。

如果我们看见一个表情或征兆，却无法辨识它背后的意义，那么了解的最佳方式，就是要把它的轮廓减少，让它成为一个赤裸的动作。让我们拿偷窃这个行为为例。偷窃是一个人把财富由别人那里移到自己身上的动作。现在让我们来检视这个动作的目的：偷窃的目的是让一个人变得富有，借由拥有更多财富来感觉更安全。因此，这个动作的出发点，源自一个贫穷和被剥夺的意识。接着找出这个个体处于哪种状况，以及会在哪种处境下产生被剥夺的感觉。最后，我们能够检视所改变的这些状况，以及克服被剥夺感觉的方式正确与否。是否往正确方向前进，或者已经误用了所需安全感的方式？我们无须批评最后目的，但我们或许能够指出获取的方式错误。

如我们先前在第一章里的介绍，在生命的前四或五年里，个体心灵的和谐就已建立完成，心与身的关系亦已形成。在此期间里，接纳遗传而来的品质，由周围环境接收而来的表现，再运用它们来追求自我的优越。个性在生命的第五十年末期架构完成。人生观的确立、追求的目标、为人处世的风格，以及情感倾向皆已定型。如果能够把自己由童年所得到误导的态度中释放出，那么才可能改变。先前所有的思想和行为都根据对生命的诠释而起，所以如果能够修正先前错误的观念，那么思想和行为即会以此新解释为基础。

一个个体透过知觉与周围环境接触，接收环境所提供的意义。因此，我们能够从训练身体的方式里看出准备接收哪些来自环境的讯息，以及获取经验的用处。假如我们留意他人看与听的方式，以及什么能吸引他的注意力，我们就能够对他有更多了解。这就是手势何以如此重要的原因。它告诉我们一个人如何训练他的知觉，以及如何使用它们来做表达。每个手势都有其意义。

现在我们能够为生理学的定义做补充。心理学透过敏感的身体表征了解个体的态度。我们亦能够开始看出人类的心灵如何有极大差异。一个对环境适应不良，难以满足环境需求的身体通常会变成心灵的负担。因此，天生具有生理缺陷的儿童，他们精神发展往往较迟缓。他们的心灵较难影响，也较难驱动、控制他们的身体往优越地位发展。如果他们想要获得一样的安全感，他们的心灵需要更努力，而且精神必须较其他人更集中。所以他们的心灵变得负担过度，而且变得自我中心和自我优越。若一个小孩把全部注意力摆在生理缺陷和行动障碍上头，他不会去注意自己以外的事物，他会觉得自己既没时间，亦没自由去对别人发生兴趣。所以，他长大后会较少有社会感和合作能力。

生理缺陷带来许多残障，但这些残障并不是无可逃避的宿命。如果心灵保持活跃，卖力工作克服障碍，那么有生理缺陷的个体，很可能变得跟生理健全的人一样成功。其实，有生理缺陷的小孩经常在克服身体的残障后，能比其他天生较具优势的正常儿童达成更高成就。举例而言，有一个男孩，可能因天生弱视承受莫大压力。为了看见东西，他比视觉敏锐的同龄小孩更努力和专心观看：他给予有形世界更多注意力，更有兴趣去分辨它的色彩和形状。最后，他较其他没有视觉障碍的小孩，更能欣赏有形世界。因此，只要心灵找到克服缺陷的方法，一个不完备的器官，反而能够转变成为伟大的长处。

知名画家和诗人里，有一大部分皆受视障之苦。这些缺陷被他们精心训练的心灵克服，最后，相较于其他视力健全的人，他们的眼睛可以使用在更好的目标上。或许，从有左撇子倾向的儿童身上，更容易看见同样的补偿作用。在家里或刚开始上学后，他们被训练要使用较不听使唤的右手。所以，他们实际写字、画图或做美劳的能力不够完备。我们可能期待，如果心灵能够克服这些困难，功能不健全的右手会发展出某种高度技能，而实际状况正是如此。有许多左撇子小孩比正常小孩更会写字、绘画或做艺术方面的劳作。凭借这里可发现正确技巧，并由此诱导激励、训练和练习，他们就能成功地把短处化为长处。

唯有希望为全体贡献，而且不以自我为中心的小孩，才能够教导自己，为自我的缺陷寻求补救。如果一心只希望摆脱自身的障碍，那么他们将继续落后于人。只有在内心有努力的目标，而且达成目标远比眼前的障碍还重要的情况下，他们才能保有高昂的勇气。

他们的兴趣和注意力被导往哪里是个疑问。如果朝自我以外的目标奋斗，他们将非常自然地训练自己，并自我充实以达成这个目标。困难对他们而言，只不过是成功之路上必须清除的障碍。在另一方面，如果他们一心想着自身的限制，或者与这些限制抗战，但求解脱之外毫无其他目标，他们就不能取得任何真正的进展。光想、光希望而不练，甚至逃避右手笨拙的现实，不能让笨拙的右手变成巧手。唯有凭借实际的练习，以及未来如果做得好的激励比目前笨拙感还重要的情况下，这只笨手才能变得灵巧。若要一个小孩集合他的力量克服困难，他必须要有一个自身以外的目标：一个对现实、他人与合作有兴趣的目标。

在一项有遗传性肾脏病家庭的调查里，我发现一个有关遗传特质与可能转变的良好例证。这些家庭里有许多小孩皆罹患遗尿症。遗传性生理失能是事实。它能由肾脏和膀胱功能的检验报告，或检验出囊肿性脊柱裂（spina bifida）获得证明，而且它们经常并发腰部病变，这可用腰部皮肤长斑或黑痣验定。然而，这并不表示遗尿症完全由此生理缺陷引起。小孩并没完全爱惜他的器官：他以自己的方式来使用它们。我们拿某些小孩为例，他们会在夜晚尿床，但白天却不会。有时候，这个习惯会在环境或父母的态度改变后突然消失。除精神残障儿童外，如果小孩停止利用尿床的生理缺失，作为他达成个人错误目的的手段，遗尿症是能够治愈的。

然而，大部分患有遗尿症的小孩，所获得的激励是继续尿床，而不是把它克服。一个有技巧的母亲能给小孩适当的训练，但如果母亲没有足够技巧，孩子不必要的尿床倾向就会持续下去。有遗传性肾脏或膀胱疾病的家庭，在排尿方面经常面临许多压力。因此，母亲会错误地试图遏止小孩的遗尿症。如果小孩注意到这个问题如此受大人关切，他可能会抗拒不从。这将给他绝佳的机会断然反对训练。一个抗拒父母给他做治疗的小孩，总会找出一个方式，以他们眼里最大的弱点来攻击他们（父母）。

德国一位极为知名的社会学家发现，有相当惊人比例的罪犯，他们的父母都从事跟打击犯罪有关的工作，比如法官、警察或狱卒。教师的小孩学校成绩经常远不如人。这是我个人的经验谈，而且我也发现在神经症儿童患者里，有一个惊人的数字显示，他们是医师的小孩，行为不正的小孩里有牧师或从事神职者的子女。类似道理，父母在排便问题上施加过多压力的小孩，有很大机会是借由遗尿症来展现自己的意志。

遗尿症也能提供我们一个例证，说明梦如何翻搅起我们的情感。尿床的小孩经常梦见他们起床上洗手间。如此一来，他们就有借口，现在他们可以光明正大尿床。尿床的目的有数个：惹人注意、让别人服从、获得父母日夜的注意。有时它也被用来对抗父母。这个习惯是一份宣战书。无论我们以哪种方式来看待它，遗尿症显然是十分有创意的表达方式：小孩用膀胱代替嘴来说话。生理缺失提供他一个方式表达意见。

以此方式表达意见的小孩总是承受着某种压力。大体上，他们是属于丧失注意地位的被宠坏的小孩。家里或许有另一个小孩诞生，他们发现难以取得妈妈全部的注意力。所以遗尿症代表想更接近妈妈的企图，即使这个方法不怎么令人愉快。实际上，它是在说："我没像你以为的那么大，我依然需要被照顾。"

情况有变，或者生理缺陷不同时，他们会选择其他方式来达成目的。举例而言，他们可能使用声音来做接触，换句话说，他们会在晚上哭闹不休。有些小孩则梦游、做噩梦、掉下床，或者喊口渴要喝水。所有这些表现的心理背景都相同。会发生哪种症状，一部分要视小孩的身体状况而定，另一部分则取决于环境。

这类个案清楚地显示心灵的影响凌驾身体。心灵不仅影响一个特别生理症状的选择，也支配并影响全副体格。我们没有直接证据可证明这个假设，而且难以看出证明如何成立。然而，证据似乎够清楚。一个男孩如果羞怯，他的羞怯会反映在全部的发展里。他不会关心生理发展，或者，他不会想象自己能够做得到。结果，他不会做足够的肌肉训练，而且会忽视外在世界把肌肉发展视为正常的表现。其他容许自己有兴趣去训练肌肉的小孩，在体能上会较隔绝自己兴趣的羞怯男孩取得较佳的进展。

我们可由这类观察归纳出合理的结论说，心灵影响身体全体的形成和发展，并反映它的错误或缺陷。我们经常借由身体状况观察精神和情绪问题，看出一个人未找到满意的方式，来弥补身体上的缺陷。我们拿内分泌腺为例，它们当然在生命头四或五年里会受到影响。分泌腺的缺陷未对行为发生强制影响的同时，会不断受整体环境、小孩接收环境的方式、她的心灵创造力的影响。

◎感觉的角色

我们把人类制造的环境改变叫做文化。文化是人类心灵驱使身体进行的所有动作的结果。我们的心灵启发我们工作，引导和协助身体的发展。最终我们会发现，人类每一个表现皆以心灵目的为指标。这并不代表心灵的重要性就该被高估，除了有必要克服困难和体能障碍以外。因此，心灵以支配环境的方式充分运作，让身体抵抗疾病、死亡、伤害、意外和功能失常。所以我们发展出能力，能够感觉快乐和痛苦，以及想象和辨识自我状况的好坏。

感觉让身体准备好对某状况做出某一种响应。幻想和辨识是预测的方法，但它们的意义不仅于此。它们撩起合适的感觉，身体接着回应和做出动作。如此一来，一个个体以他赋予生命的意义和他所设定的努力目标为根据，形成他的感觉。虽然感觉驾驭他的身体，但感觉并不完全以它为依靠和归属：它总是先以目标和生活风格为前提。

一个个体的生活风格，显然不是支配行为的唯一因素。他的态度并非在没有其他协助下引发行动。若要有行动，必须要有感觉做后盾。有了一个目标后，感觉随之而起。所以这让我们超越生理学或生物学的领域，化学理论或化学检测解释不了我们感觉的源头。在个体心理学上，我们必须预先假设生理过程，但我们较有兴趣了解心理的目标。以焦虑为例，我们不想知道它对交感和副交感神经有何影响，我们关切的是它有何目的。

在此态度下，焦虑不单是性压抑或难产经验的梦魇而起。这类解释太过于广泛。我们知道一个习惯有妈妈陪伴、协助和支持的小孩，可能出现明显的焦虑，无论它的来源是什么，这是他控制妈妈的好方式。我们也不满意愤怒在生理学层面上的解释，经验告诉我们，愤怒是我们用来支配某个人或某个状况的一种装置。

我们由每一个个体身上看见，感觉会依个人目标的方向，进行某一层面的成长和发展。他的焦虑或果敢，快乐或悲伤，总随着他的生活风格起舞：它们相对的力度和优越正与我们的期待不谋而合。一个借由悲伤达成优越目标的人，不会为自己的成就感到快乐和满足。他只有在感觉悲惨的时候才会快乐！我们也发现意志能左右感觉的出现或消失。一个有广场恐惧症的病人在家里或支配着别人的时候，焦虑的感觉便消失无踪。所有神经症者因为想保有支配的地位，所以排拒每一种他们自觉不够坚强的生活面。

一个人的感情和情绪跟生活风格一样固定。以懦弱的人为例，即使面对较弱小者会变得傲慢，或有人保护时会变勇敢，他仍然是一个懦弱的人。即使他家装有三道锁，养有看家狗并装设防盗系统，他依然会辩称自己勇若猛狮。没人能够证明他有焦虑感，但他不辞麻烦为自己架设层层保护，暴露出他个性里的懦弱。

性和爱提供类似证据。性的感觉在个体心里有性目的时发生。由于他集中全副注意力在性的目的上头，他排除掉其他抵触的知觉与不能相比的兴趣，进而激起合适的感觉和功能。若缺乏这些感觉和功能，就会发生所谓的阳痿、早泄、性欲倒错和冷感，这明显表示他不愿意排拒不适宜的知觉和兴趣。这类异常总是受到错误的优越目标与错误的生活风格诱导而起。我们在这类个案里总发现一个倾向，与其体谅伴侣，他们反而期待获得伴侣的谅解，这表示他们缺乏社会感，缺乏勇气和乐观性。

我的一个病人，在家里排行老二，为一股深沉不去的罪恶感所苦。他的父亲和哥哥都是出了名的老实人。七岁的时候，他告诉老师有一次家庭作业是他自己做的，但其实却是他的哥哥代为捉刀。这个男孩为此埋藏内心的罪恶感整整三年。最后他跑去找老师，忏悔他撒了大谎。老师只一笑置之。接着他哭着去找他的爸爸，再次为自己的谎言忏悔。这次他稍微成功了点。父亲很为自己的儿子说实话为傲，给他赞美和安慰。即使父亲原谅了他，这个男孩依然继续情绪低落。我们几乎避免不了一个结论，这个男孩为证明自己的诚实和严谨，一直拿这项微不足道的罪行痛苦自责。家里的高道德气氛对他的自责感更是火上加油。他感觉在学校功课和人际关系上都不如哥哥，因此他试着以一种偏差的方式来达成自我的优越感。

年纪稍长后他又为另一形式的自我责备所苦。他自责，但却无法彻底根绝学校作弊的行为。考试前他的罪恶感越发加深。这种状况一直持续，自责感越来越深。由于他敏感的个性，他的心理负担远比哥哥沉重，因此每当他成就不及哥哥时，他总有借口可说。大学毕业后他计划找一个技术性的工作，但罪恶感严重困扰着他，他整天祈祷乞求上帝的原谅。结果他当然没时间工作。

这时他的精神状况已经恶化到必须住进精神病院治疗，医院认为他无法痊愈。不过，经过一段期间后，他有改善并出了院，但条件是如果他旧病复发就必须再入院接受治疗。他辞掉工作回学校攻读艺术史。学校考试日期就快到了。有一天他趁放假日去教堂，当众跪倒在地放声大哭说："世人里就属我的罪孽最深重。"借此方式他再次感觉对得起自己敏感的良心。

后来，他再进医院治疗了一段时间后回家。有一天他全身赤裸下楼吃午饭。他体格很好，在这方面他能胜过哥哥和其他人。他的罪恶感是他让自己显得比别人诚实的心理装置，这是他努力获得优越感的一种方式。然而，他的努力却偏向生命无用的一面发展。他逃避考试和工作，证明他的懦弱，他的神经症，全是为了刻意回避他害怕自己会失败的举动。他在教堂里当众自贬，和他赤身进饭厅等惊世骇俗的行为，也证明他以卑劣的方式来努力求取自我的优越感。他的生活风格使得他做出这个行为，他深陷其中，难以自拔的感觉正与他的目标相吻合。

另外有一个证据或许更能清楚证明心对身的影响，这个现象大家比较熟悉，它导致暂时性，而非永久性的身体状况。基于某种程度的事实，每一种感情都有它的身体表情。一个人会以某种形式展现出他的情感，我们或许能由他的手势、态度、脸部或颤抖的四肢里瞧见他的感情。同样的改变也在他的器官里发生。我们拿他脸色泛红或转白为例，这表示他的血液循环受到影响。愤怒、焦虑、哀伤和每一种其他感情，皆显示在我们的“肢体语言”里，而且每一个个体的身体都有自己的语言。

一个人处于恐怖状况的时候，有的人身体会发抖，有的人则会毛发悚立或者是心跳加速。不过有的人则会直冒冷汗，呼吸窒息，声音嘶哑或蜷缩身体。有些人身体会失去平衡，或者失去胃口或出现呕吐。有些人膀胱受影响，有些人则是性器官受影响。许多小孩考试时会感觉有性冲动，众所皆知罪犯在犯罪后经常会去找妓女或女友发泄性欲。在科学领域里，我们发现有些心理学者宣称性和焦虑共同发生的迹象，有些则认为这两者没直接关联。这些都是他们依个人经验为基础做出的主观看法。所以他们才会有的人说有关联性，有的说没有。

所有这些反应依个体的不同而有差异。研究报告可能显示这类反应跟遗传有某种程度的关系。属于这类的身体表征，经常暗示一个家庭有哪些弱点和特质。其他家庭成员对相同状况亦可能出现类似的身体反应。然而在这里最有趣的事情莫过于了解感情以及心灵如何能够牵动身体的状况。

感情和身体表征告诉我们，心灵如何对一个它诠释为好或坏的状况运作和回应。我们以一个人脾气爆发为例，这个人希望尽快克服他的困难。对他而言，打架、责骂或攻击另一个人似乎是最佳方式。这股愤怒跟着影响他的器官动作或紧张起来。有些人生气的时候会胃痛，或脸部泛红。如果血液循环受影响至某一程度，他们一定会开始出现头痛现象。一个人若压抑怒气或羞辱感，通常会引起偏头痛或习惯性头痛；有些人生气时三叉神经痛或癫痫会发作。

感情影响身体的方法尚未完全获得了解，而且也许我们永远都了解不了。精神紧张对自主和非自主神经系统两者皆会造成影响。一个人紧张的时候，自主神经系统会开始行动。这个人会敲打桌面，咬指甲或撕碎纸张。只要他精神处于紧绷状态，他似乎一定得做出某些动作。咬铅笔或指甲能给他宣泄紧张的出口。这些动作告诉我们，他感觉受某种状况胁迫。一样的道理，无论他在陌生人群里会脸红，身体开始发抖或筋肉局部痉挛，这种状况都是因焦虑和紧张而起。非自主神经系统把紧张传输给身体各部分。因此整副身体都会受紧张情绪的影响。然而，紧张的表现不一定像上述症状一样明显，我们在这里只举出一些因神经紧张所引起的身体症状给大家参考。

如果更深入探讨，我们会发现身体的每一个部分，都能作为一种感情的表征，而生理表现是心与身互动关系的结果。找寻这些心灵影响身体的交互动作对我们很重要，因为心灵和身体是我们所关切的一体，是两个不可分的部分。

我们可由这些证据归纳出合理的结论说，一个人的生活风格和宣泄感情的方式，持续影响身体的发展。如果一个小孩的个性和生活风格，在他极早期的生命里就已定型，如果我们经验够丰富，借由探索他在后期生命里所表现出来的生理状态，应该能够取得对它们的了解。一个勇敢的人会把精神态度显现在他的体格上。他的躯体会异于常人，肌肉较其他人结实，身形比其他人更挺拔。姿态可能对身体的发展产生相当的影响，或许也会对肌肉发达有好的作用。勇敢的人脸上的表情常与人不同，最终五官面貌皆受影响。甚至连头盖骨都可能受影响。

如今我们很难否定心灵能够影响脑部的论点。病理学上有案例显示，一个因左脑伤害丧失阅读和写字能力的人，能够借由脑部其他部分的训练重获此能力。脑部的其他部分弥补并且恢复受伤器官的功能，这种情形经常发生在中风、脑部受伤无法复原的病人身上。这个事实重要地说明个体心理学可能的教育性应用。如果心灵能够对脑部产生如此的影响，如果脑不再是心的一个工具——一个最重要的工具，且仅是工具而已——那么我们就能够找到方法来发展和改善这个工具。人不需要一生受脑部的限制生活：这就可能找到训练脑部的方法，让脑更符合生活的需要。

向以往错误方向设定目标，不去发展合作能力的心灵，将无法对脑部的成长进行有帮助。因此，我们发现许多缺乏合作能力的小孩，他们在年纪稍长之后，智能或理解的能力并未充分发展。由于他长大成人后的表现，皆以他在四五岁时所建立的生活风格为依据，由于他对世界的观点，以及赋予生命的意义对别人毫无意义，所以我们发现他深受合作障碍之苦，我们也会协助修正他的失败。在个体心理学的研究上，我们已朝此迈出了好的第一步。

◎精神特质与生理类型

许多作者指出，心与身之间一直存在着一种关系。不过似乎没人试着去找出这两者间的关系。以克瑞许玛（Kretschmer）为例，他描述我们如何能借由研究一个人的生理特质，来找出他相对的精神和情感。所以他能够以身体类型作为分辨的基础，把人类加以分门别类。举例而言，pyknoids是圆脸、鼻子短和有肥胖倾向的类型，亦即莎士比亚在凯撒大帝作品里形容的那一类人：

> “让围绕我四周的人肥胖；
> 头圆，一夜安睡到天明。”
>
> 凯撒大帝，第一幕，第二景

克瑞许玛拿这一类体格对比某种精神特质，但他并未清楚说明做这一类对比的理由。在我们的社会里，具有这类体格的人并未出现生理缺陷，他们的身体非常合乎我们对此研究的结论。生理上他们感觉自己跟其他任何人一样良好。他们对自己的力量有信心。他们精神不紧张，而且如果需要抗争，他们自觉有抗争的能力。不过，他们不需要把别人当成敌人，或者以为生命与别人为敌。心理学学院会把他们称为外向、非内省性的人，但没有解释。然而，我们应该期待他们外向，因为他们的身体不是一个焦虑的源头。

克瑞许玛拿来做对照的另一类型是精神分裂症者，他们看起来要不像个小孩，要不就特别高大，鼻子长，头呈椭圆型。克瑞许玛相信精神分裂者的保守和内省。如果他们精神受困扰，就变得精神分裂。他们是凯撒大帝所说的这一类人：

“那边的卡西亚斯长得一副修长和饥渴的模样；

他想太多了；这种人是危险的。”

凯撒大帝，第一幕，第二景

这些个体可能有生理缺陷，所以长大后才会较自我中心、较悲观和较“内省”。或许他们需要更多协助，而且当他们发现自己并未获得足够注意的时候，就会变得痛苦和猜疑。然而，我们发现有许多综合的类型，这点克瑞许玛本人亦承认，Pyknoid类型的人，也能发展出属于精神分裂症者才有的精神特质。如果环境让他们朝此方向训练，让他们变得羞怯和懦弱，我们便能了解他们出现这种现象的原因。借由有系统的打击方式，或许我们能够让任何一个小孩成长后的行为像个精神分裂症者。

如果经验够丰富，我们就能够由这些征兆辨识一个人有多少合作能力。人往往不知不觉地寻找着这类表征。合作的必要性持续驱策着我们，而且有资料显示，我们可以在生命的混沌中更为自己找出方向。同样地我们能够了解，在所有的历史大变动之前，人类的心灵早已认清改变的必要性，并且努力地加以达成。

人总是不喜欢生理特征非常明显的个体，厌恶丑陋和畸形的外表。不知不觉地，他们判断这些人属于较不适合合作的一群。这是极大的错误，但他们的判断可能以个人的经验为基础。至今尚未发现有任何方式，能帮助这些缺陷的个体，以增加他们合作的能力。因此，他们的残障遭到过度强调，所以变成这种不当歧视下的受害者。

现在让我们来做个总结。一个小孩在他生命的前四或五年里，精神特质便已成形，心与身之间的根本关系也已建立完成。一种生活风格于是形成，并且成为他感情与生理特色的基础。也发展出某一程度的合作能力，程度或大或小，我们可凭借这份合作能力的程度来评估和了解一个个体。举例而言，合作能力不良是所有失败的起源。现在我们能够给予心理学另一个定义：了解个体合作能力的缺陷。由于心是一个和谐体，它的表征透露出个体以类似的态度看待生命，所以一个个体所有的感情和思想必须和他的生活风格一致。如果我们看见感情明显引起困难，违反个体的个人利益，那么改变这些感情一点也没用。它是个体生活风格的真实表现，只有在个体愿意改变的情况下才能被根除。

在这里，个体心理学在教育和治疗层面上，给予我们特别的意义。我们必须永远不针对一个人个性上的症状或单一层面进行治疗。我们必须把这个人在选择生活风格时所做出的错误假设、心灵诠释经验的模式、赋予生命的意义以及他回应身体和环境的表现等发掘出来。这是心理学真正的工作。正当地说，心理学不会在小孩身上钉钉子，然后观察他跳得多高，或者给他搔痒后看他笑得多厉害。现代心理学界里有这些企图的人不少，不过迄今他们只为一个固定和个人式的生活风格提出证据。

生活风格是适合心理学讨论和研究的材料，但专门探讨生理学或生物学主题的心理学者对它根本无暇过问。他们有人专门研究心理刺激和反应，有人企图追踪一次创伤或震撼经验所造成的影响，还有人探讨遗传能力并观察他们的发展。然而，在个体心理学里，我们认为灵魂和精神就是心灵的统一与和谐。我们研讨个体赋予世界和他们自己的意义，还有他们的目标、他们努力的方向，以及他们解决生命问题的方式。直到今天，个体合作能力的程度，成为我们了解一个个体的最佳指标。

第三章

自卑感与优越感

◎自卑情结

“自卑情结”，是个体心理学最重要的发现之一。这个心理学用语被许多不同学派的心理学家认同和采用。然而，他们是否彻底了解它的意义或者使用它的方式正确与否，也许是需要质疑的。举个例子，告诉一个病人他受自卑情结所苦，这种说法永远也不会有帮助。没告诉病人如何克服问题的做法，只会更加深病人的自卑感。我们必须分辨出病人在生活风格上有哪些不正确的地方，然后加以指正并激励他去改变。

每一个神经症者都有自卑情结。他觉得自己无法过有用的生活，并受到某种状况所限制，而且他在这个限制下努力，所以光给他的问题取个名字一点儿帮助也没有，我们光说“你受一种自卑情结所苦”根本无法给他任何激励，这就好像我们跟一个有头痛的人说“我知道你毛病出在哪里，你有头痛”一样根本无济于事。

许多神经症者若被问到有否感觉自卑，他们大都会回答“没有”。有些甚至会回答说：“刚好相反。我感觉自己比四周的人还优越。”我们不需要发问，我们只需要观察一个人的行为，行为透露出他维护自我重要感的方法。如果我们看见一个人举止傲慢，我们就能猜测出他的感觉是：“其他人往往把我高估了。我必须显示出我很重要。”如果发现某个人说话时手势很大，我们就能推测出他的感觉是：“假如我不多加强调，我的话就会没有分量。”

我们可以怀疑每一种优越行为的背后，都有某种自卑感，需要非常特别的努力来加以隐藏。这就像一个害怕自己身高太矮的人踮起脚尖走路，让自己看起来似乎较高大点一样。有时候，我们能在两个小孩比较身高时，清楚看见这个行为。害怕自己较矮的小孩会把身体挺得又直又硬，他会试着让自己看起来高一点。如果问他：“你觉得自己太矮吗”我们很少能听到他承认说是。

因此，我们无法假设一个有强烈自卑感的人就是被动、安静、压抑、无恶意类型的人。表达自卑感的方式可以有上千种。或许可以用一则三个小孩第一次去动物园的故事来做说明。当他们站在狮笼前面的时候，其中一个躲在妈妈的裙后说：“我要回家。”第二个小孩站在原地，脸色苍白，浑身发着抖说：“我一点也不害怕。”第三个小孩眼露凶光瞪着狮子，并问他的妈妈说：“我可以吐它口水吗？”这三个小孩其实都很害怕，但他们表达害怕的方式依他们生活风格的不同而有了差异。

某种程度上，我们都有自卑感！因为我们都有自己希望改善的状况。如果我们保持勇气，我们就能够以直接、实际和满意的方式除掉这些自卑感。没有一个人能够长期忍受自卑感，他会进入一种压力状态，进而付诸行动。但假设丧失勇气、无法想象他能以实际行动来改善状况，那么他依然不能承受自卑感。所以他仍然会努力去把它们给除掉，但他所尝试的方式一点也帮不了他。他的目标依然是“凌驾困难”，但与其克服障碍，他反而会试着说服自己，甚至强迫自己进入一种优越的感觉。这时，他的自卑感会变得更加强烈，因为让他产生自卑感的状况依然维持不变。由于问题根源依然存在，他所采取的每一个步骤只会变得自欺欺人，而且所有的问题施予的压力会越来越大，越来越急迫。

倘若我们不了解他的行为，我们会以为这些行为毫无目的可言。我们不会认为这是他为了改善状况所做的行为。然而，一旦了解行为的目的后，我们就能了解他就跟其他人一样，虽然忙着找寻一种适当的感觉，却已放弃改变状况的希望。所以他所做的事情开始有了道理，如果他感觉脆弱，他会为自己创造能让他感觉坚强的状况。他不是在训练自己变得更坚强，他反而是在训练自己，让他在自己的心目中看起来更坚强。他努力自我愚弄的目的只会有一部分得逞。如果他感觉应付不了工作上的问题，为了加强肯定自己的重要性，回到家里他可能变成个暴君。不论他如何自我欺骗，他真正的自卑感依然存在。那会成为他心理上的永久暗流。在这个个案下，我们才可以真正称之为一种自卑情结。

现在该是我们给自卑情结一个正确定义的时候了。自卑情结表示一个个体，无法妥善适应或面对一个问题，并且全心全意地相信自己无法将它解决。由这个定义里，我们能够了解愤怒就像眼泪或借口一样，是一种自卑情结的表达方式。由于自卑感总制造出压力，所以能产生一种往优越感但却不朝解决问题的方向发展的补救行动。因此，这个行动便朝往生命无用的一面，真正的问题会遭搁置在一边。他会限制自己行动的范围，与其鞭策自己面对成功的压力，他宁可尽力让自己避免遭受挫败。面对问题时，他会给人一种犹豫不决、原地不动甚至临阵脱逃的印象。

我们能够从广场恐惧症患者身上清楚看见这种态度。他们的症状是自圆其说，如“我绝对不能走太远。我必须让自己待在熟悉环境里。生命充满危险，我必须避免遭殃”。只要秉持着这种态度，他便会一直待在一个房间里，或者回床上休息不肯下床。

逃避问题最彻底的表达方式便是自杀。这表示个体在面对所有生命问题时选择放弃，并且表达他再也无法改善的信念。当我们明了自杀无非是一种责难或报复后，就能够了解自杀的个体也是在寻求优越感。自杀者把他死亡的罪责加诸在别人身上。他仿佛在说：“我是这世界里最脆弱、最敏感的人，而你们却用最残酷的方式对待我。”

每个神经症者对活动范围，和他跟世界的接触都有某种程度上的限制。他试着跟三个真正、紧迫的生命问题保持距离，并且把自己限制在能够支配的状况里。如此一来，他把自己局限在一个小室，关起房门，隔绝外界，并终此一生。依成长环境而定，他以欺凌恫吓或悲哀可怜的方式来支配他人，为达成目的，他会使用他所能发现的最有效装置。有时候，如果他对一个方法不满意，他会试用其他方式。无论是哪一种方法，其目的皆相同——无须改善状况就能获取优越感。

以哭泣达成目的的小孩为例，他们会变成爱哭宝宝。爱哭宝宝会长大成为忧郁症患者。眼泪加牢骚——我所谓的“水的力量”（Water—power）——是一个扰乱合作和奴役他人的有效武器。我们能够在爱哭宝宝，还有怕羞、害臊和有罪恶感的人身上，看出他们有自卑情结。这些人坦承，他们脆弱和缺乏自我照顾能力。他们想要隐藏的是，他们执迷于优越过人，他们不计代价达到当老大的欲望。另一方面，一个喜欢自夸的小孩，第一眼便告诉别人他有优越情结。而且与其注意他说的话，不如检讨他的行为，我们很快就会发现，这个小孩有优越感，虽然他嘴里不肯承认。

所谓的恋母情结（Oedipus complex），其实只不过是神经症者把自己关在一个“小室”的特别范例。如果一个个体害怕面对这世界有关爱的问题，他就不能成功摆脱掉自己的神经症。倘若他把自己局限在家庭圈子里，他的感觉亦会局限在此限制里，这一点也不令人惊讶。由于不安全感的作祟，他的生活圈子只止于最熟悉的几个人。他害怕自己无法像支配生活圈子里的人那样支配其他人。恋母情结的受害者是那些被母亲宠坏的小孩，他们相信自己的愿望就形同法律一样，在母亲对他百依百顺的环境下长大，他们从不明白自己能以自立自强的方式，由家庭以外的地方获得感情和爱。这种小孩长大后仍和母亲的围裙系带绑在一起（离开不了母亲）。在爱情方面，他们需要的不是一个双方关系平等的伴侣，他们要的是一位女仆，而最能支持他们的女仆便是母亲。或许我们可以说，每个小孩都有恋母情结。只要他的母亲宠坏他，不让他对别人发生兴趣，至于他的父亲则相对地必须冷漠或冷酷，那么他长大后一定会有恋母情结。

所有神经症者的症状，表现出他们限制自己的行动。我们能够由一个人在公开演说时，说话结结巴巴看出他有犹豫的态度。他的社会感驱使他跟别人接触，但低落的自尊和害怕失败的恐惧妨碍了他的社会感，所以他演说时才会迟疑和犹豫。在学校“进步迟钝”的小孩、年龄在三十岁或以上依然无业的男性和女性、有婚姻问题的人、不断重复相同动作的强制性神经症者、总感觉疲累而无法面对日常工作的不眠症患者——他们皆有自卑情结，以致无法在解决生命问题上取得任何进展。在性方面有自渎、早泄、阳痿和变态等特质的人，由于在异性关系上有不适感，所以他们对生命都表现出一种错误的看法。如果我们问：“为何会有这种不适感？”那么，我们就能看出优越的目的。答案只有一个，亦即“因为这个个体给自己设定了一个不可能达成的目标”。

其实自卑感本身并不是不正常。它是人类状况里所有改善的原因。举例来说，只有在人类意识到他们的无知，以及需要为未来做准备的状况下，科学才得以发展，所以是人类努力改善环境，更了解宇宙，更能够处理它的结果。其实，对我而言，人类全部的文化皆以自卑感为基础。假如我们能够想象有一个公正者到访我们的星球，他在观察之后一定会归纳出这么一个结论说："这些人类，他们所有的结合和设施、他们为获取安全感所做的所有努力、他们为抵挡雨水所建造的屋顶、他们为保暖所制造的衣服、他们为便利旅行所铺设的马路，都在显示出他们认为自己是这地球上最脆弱的一种生物。"人类在某些方面上是地球上最脆弱的生物。我们没有狮子或大猩猩的力气，许多动物在落单时比我们还有能力应付生命的难题。有些动物以结合来弥补它们的脆弱，它们聚集成群，但是我们发现，人类比其他任何生物都需要更不同和更基本的合作。

人类的小孩特别脆弱，需要多年的照料和保护。由于每个人皆需经历年幼和脆弱阶段，所以若不合作就得完全受成长环境操控。因此，我们能够了解，一个未接受合作训练的小孩，何以会发展出悲观的个性与具有一股久久不去的自卑情结。我们亦可以了解，即使最合作的个体亦将持续遭遇问题。没有一个个体能够发现自己已完成最终的优越目标，以及成为自己环境的主宰。生命太短暂，我们的身体太脆弱，生命的三大问题一直要求我们，要我们给予它们更丰富和更圆满的解决方式。我们能够找到暂时的解决方法，但我们永远也不会对我们的成就感觉完全满意。

我认为没人会担忧我们永远不能达成我们的终极目标。让我们来想象一个单一的个体，或者是全体人类，达成了再不会有困难和障碍的状况。生命在这种状况下一定非常无味和无趣：一切皆能够预知，一切皆能够事先评估、得知。明天将没有任何机会可以期待，未来也没什么可以期盼。我们对生命的兴趣主要来自不确定性。假如我们对一切皆能确定，假如我们知道所有即将发生的事情，我们就不会再有任何讨论或发现。科学来到尽头，环绕我们的宇宙除了是个曾说过的故事外，什么都不是。提供我们所追求理想的艺术和宗教，将不再有任何意义。生命充满无穷尽的挑战是人类的福气。人类的努力永不止息，我们总能找到或创造新的问题，并且为合作和贡献创造新机会。

但神经症者的发展在开始之初就已受到阻碍。他解决生命问题的方法停留在肤浅的层面，而且他的个人问题相对地变大。越正常的个体越能为他的问题找到更有意义的解决办法；他能转而面对新问题，进而找到新的解决方法。如此一来，他变得有能力贡献社会。他不会蹒跚落后，变成其他人的负担；他不需要或不会去要求别人对他特别体谅。相反地，他勇往直前，以他的社会感和个人的需要为根据，独立解决个人问题。

◎优越的目标

优越的目标对每个个体都是个人化和无与伦比的。取决于他所赋予生命意义的不同。

这个意义不仅是几句话而已。它显示在他的生活风格里，像是他个人一首奇怪的旋律创作。我们不能够由他的目标来总括出这个意义。他反而以一种拐弯抹角的方式来表达，所以我们必须依他给予的线索猜测。了解某一个人的生活风格，好比了解一首诗歌作品。诗人只使用文字，但他想表达的意义多过他使用的文字。我们必须在研读和解析后，才能够了解他意义的最伟大部分，我们必须逐句逐行阅读。因此，意义最深远和最错综复杂的创作，就和一个人的生命哲学一样。心理学家必须学习解读字句和言语；他必须学习理解隐藏意义的艺术。

不然，可能会如何呢？我们在生命的头四或五年里，便已决定好生命的意义。我们不是靠数学计算公式来做决定，而是依靠在黑暗中摸索，仰赖自己不完全了解的感觉，获取暗示和寻求解释。类似道理，我们靠摸索和猜测来决定优越的目标，它是一种终生需要，一个活跃积极的倾向，不是一个图表绘制和定位的决定点。没人可以了解优越的目标到能够彻底形容出来的程度。或许他清楚职业上的目标，但这些不过是他努力的一小部分。即使这个目标已有清楚的定义，但努力达成的方式有上千种。我们拿一个想当医生的人打个比方，但当医生代表许多不同的意义。他可能不单只希望在某个医药领域里当专家，在他的职业生命里，他将显露出他对自己和别人有兴趣的程度。我们会了解他对自己协助人类进行多少训练，以及他为自己的协助订下什么限制。他把这个职业作为目标，弥补他某一个自卑感，我们必须由他进入这项职业和其他方面的行为，推测出他在弥补什么感觉。

举个例子，我们经常发现，医生在他们相当小的时候就已面对死亡。死亡是人类的一个不安全感，对当时年幼的他们造成极大震撼。或许是他们的兄弟姊妹或父母过世，从此以后，他们的训练便朝着找出一个方式发展，让他们和别人对抗死亡时感觉更有安全感。另一种人可能以当老师为目标，我们都明白老师有许多种。假若一个老师社会感低落，他当老师的优越目标可能是要当小池塘里的大鱼，即在当地小有名气。可能他只跟较他脆弱和无经验的人为伍时才会有安全感。一个有高度社会感的老师，会把学生当同辈对待，他希望为人类福祉贡献。在这里，我们只需要提出老师的能力和兴趣可能不同，以及行为可以清楚指出他们个人的目标。当一个目标清楚定义后，为达成这个目标，这个个体的潜能必须受削减和限制；但这个总体目标，我们会称之为标准，将在这些限制中突显出来，并且无论在任何状况下，都能找到一个方式，表达出这个人赋予生命的意义，以及他朝优越的最终理想努力。

因此，对于每一个个体，我们必须深入他们行为表面之下观察。一个个体可能改变定义和宣称目标的方式，换句话说便是他的职业。所以，为了了解人格的和谐性，我们必须寻找出凝聚在它底下的原因。这个和谐无论它如何表达都是固定不变的。假如我们拿一个不等边三角形把它转到不同位置，由每个位置起看来，这个三角形似乎都不同；但如果仔细观察，我们会发现它一直是同一个三角形。所以，我们先前说的“标准”亦同。任何单一行为从未充分表达出它的内容和意义，但我们能够由它的表达来辨识。我们永远不能对一个人说：“如果你做这或那……就能完全满足你为优越所做的努力。”为优越所做的努力维持着弹性，而且，其实，一个人若越健康和越正常，就越能在努力的方向受阻时找到新的出口。唯有精神病患会一边看着自己设定的目标，一边对自己说：“我必须拥有这个，不然我就一无所有。”

我们应该小心，不要急于为优越的目标做出评价，但所有的目标皆有一个共同因素——努力使自己像上帝。有时候，我们发现小孩相当公开地以此方式表达，并说：“我想当上帝。”许多哲学家想法亦同。也有一些老师训练和教导小孩像个上帝。在旧宗教规条里也看见类似的目标：规条应该给他们教育，让他们变得像上帝。“超人”这个想法，是扮演上帝的一种较含蓄的表露方式，还有尼采（Nietzsche），当他变得精神失常的时候，他在写给史特林堡（Strindberg）的一封信里署名“钉在十字架上的耶稣”（The Crucified），此外我不再赘述。

精神失常者经常公开表达想扮演上帝的优越目标，他们会说“我是拿破仑”或者“我是中国的皇帝”。他们希望站在全世界的注意中心，不停出现在大众眼里，跟全世界做声波接触、窃听每一个对话。他们希望能预知未来，以及拥有超自然能力。

或许，变成万事通、拥有宇宙智慧或者生命不朽等的欲望和希望，也以较含蓄的方式表达出扮演上帝的相同目标。不管我们希望不朽的是在地球上的生命，或是想象经由轮回一再地回到地球，或者是在另一个世界里永垂不朽，这些期望皆以想扮演上帝的欲望为基础。在宗教的教诲里，上帝是长生不朽的，它的存在是永恒无限的。我不是在这里讨论这些想法是对或错，它们是生命的诠释，它们是意义，而且在某种程度上，我们皆陷于这个意义里——上帝和扮演上帝。即使无神论者也希望打败上帝，凌驾于上帝之上，而我们能够辨识出来，这是特别强烈的优越目标。

一旦一个人优越的目标被定义后，他的生活风格绝不出错，所有的行动持续与这个目标保持一致。这个个体的习惯和行为，完全配合他达成目标，而且不容批评。每个问题儿童、每个神经症者、每一位酗酒者、罪犯或性变态者，他们的生活风格都反映出行为跟所需达成的优越呈一致性。我们不可能批评他们的行为本身：如果他追求这个目标，就应该显露出这种行为。

学校里有一个男孩，他是全班最懒惰的学生，老师问他说："你的家庭作业怎么做得这么差劲呢？"他回答说："如果全班我最懒惰，你会留很多时间给我。你从没注意那些功课表现好、上课不喧哗、乖乖做家庭作业的男孩。"他的目标在获取注意和控制老师，他已找到达成目标的最佳方式。试图去除惰性对他一点益处也没有：为达成目标，他需要这份惰性。在此观点下，他的所作所为完全正确，若他改变自己的行为，便是愚蠢至极。

另一个男孩在家里很乖巧，但他却似乎有点愚笨，他在学校里进步迟钝，在家里也不怎么聪敏。他有一个比他大两岁的哥哥，在生活风格上显得相当不同，既聪明又活泼，但因为太冒失而惹麻烦。有一天，弟弟偷偷跟哥哥说："我宁可笨也不愿像你那么冒失。"只要我们明白他以装笨的方式来达成他的目标——不惹麻烦，那么他就变得聪明了。由于愚笨，所以别人对他的要求较少，而且如果犯了错也不会遭责骂。有了这个目标后，他就变成一个其实并不笨的笨蛋！

截至目前，我们通常都依症状来诊治问题。个体心理学彻底反对这个方式，无论对医药还是教育层面皆同。当一个小孩算术成绩退步，或在校表现不佳时，我们集中心思在此层面上，并试图改善，根本就无济于事。或许他想要惹恼老师，或干脆被退学，以达成不用上学的目的。如果我们阻止他使用某个方法，他将会找到更新的方式来达成目的。

成人神经症者情况完全一样。假设他受偏头痛之苦，这些头痛对他可能非常有用，当他需要的时候，就可能刚好出现。借由头痛他可以避免面对人生的问题。可能在他跟陌生人见面或做决定时出现。同时，也可以协助他欺压同事、妻子或家人。为何我们期待他放弃这么有效的装置呢？由他的观点看来，他给自己的痛苦是一项聪明的投资，为他带来所有希望获得的回报。毋庸置疑地，我们可以给他一个解释，让他大为震惊且吓走他的头痛，就好像给震吓痴呆症的战士电疗或假手术，有时候可以吓走他们的症状一样。或许医药治疗让他舒缓下来，使他更难以去维系他所选择使用的特别症状。但是，只要他的目标不变，若他放弃一个症状，他就必须找来另一个。“治愈”他的头痛后，他将会得到不眠症，或者一些其他的新症状。只要目的维持不变，他就必须继续去追求它。

有些神经症者症状消失的速度快得令人惊愕，却又以迅雷不及掩耳的速度出现一些新症状。他们变成重复性神经症者，不断延伸他们的戏目。若要他们阅读心理疗法书籍，反而制造机会，让他们由书里找到更多神经问题来尝试。我们必须寻找的是，他们所采用的症状和目的背后真正存有什么优越目标。

假使我在上课时带来一部梯子，爬上梯子，并坐在黑板上头。这时，任何看见我的人可能会认为："阿德勒博士疯了。"他们不会知道这部梯子做什么用，为何我要爬上它，或者，为何我要如此不舒服地坐在黑板上头。但假如他们明白："他坐在黑板上头是因为如果不高高在上，他就会感觉自卑，只有在俯瞰全班学生时，他才会有安全感。"那么他们便不会认为我的举止疯狂。我会选用一个绝佳的方式来达成我的目标。如此一来，梯子就变成非常明显的装置，而我爬上梯子也变成精心规划和执行的工作。

唯有在一点上我是疯的——我对优越的诠释。假如我能相信我所公开的目标是错误的选择，那么我就能改变行径。但如果目标维持不变，而我的梯子却被拿走，我就会看看自己能否又跳又爬，用自己的力气爬到黑板上去。每个神经症者的情况亦相同：他所选择的方法毫无错误——它们不容批评。我们只能改善他的目标。只要目标改变，他的精神习惯和态度也会跟着改变。他将不再需要老习惯和老态度，而符合新目标的新习惯和态度，很快就会取而代之。

让我们来看一个例子，有位三十岁女性因为焦虑和缺乏交友能力来找我协助。她尚无能力自力更生，所以她仍是家庭的负担。偶尔她会做一些如秘书等的小工作，但不幸的是，她的雇主总对她大表爱慕，吓得她往往必须辞职不干。不过，有一个工作她发现老板对她较无兴趣，一点儿也没对她示爱。结果，这又让她大感羞辱，所以她又辞职离开。她接受心理治疗已有许多年——有八年了吧。但治疗没有改善她的社交能力，也未能帮她自食其力。

当我接见她的时候，我追溯至她的童年，了解她何以形成这种生活风格的原因。如果不追究大人的童年，就永远不能了解他。她在家里排行最小，人长得非常漂亮，是个被父母宠坏的娇娇女，沉迷在她自己的信念里。父母对她百般呵护，只要她要什么，他们一定会满足她。“为什么呢？”听完她的话后我问，“为何你被当成小公主呢？”“是很奇怪，”她回答说，“小时候每个人都叫我公主……”我问她最早期的记忆是什么。“在四岁的时候，”她回答说，“我记得我走到家外面，看见一些小朋友在玩游戏。他们在玩耍的时候经常会跳着大喊说，‘巫婆来了！’这让我非常害怕，回家后，我问跟我们同住的一位老妇人，这世上是否真有巫婆存在。她回答说，‘是的，这世上有巫婆、小偷和强盗，他们都会来抓你。’”

我们能够了解，从此以后她害怕自己一个人。她在整个生活风格里表达出这份恐惧。她感觉不够坚强，所以离不开家，因此家人必须在各方面支持和照顾她。她另外一个早期记忆是：“我有一位钢琴老师，是男的，有一天他试图吻我。我停止弹琴，跑去告诉妈妈。从那以后，我就不再弹钢琴了。”在这里我们也看出，她训练自己跟男性保持距离，她在性方面的发展，跟她保护自己抗拒男性之爱的目标一致。她觉得谈恋爱是一个弱点。

在这里我必须说，许多人感觉他们若谈恋爱便很脆弱，在某种程度上，他们是正确的。如果我们要谈恋爱，就必须温柔，对另外一个人有兴趣，让我们变得脆弱起来。只有优越目标为永不脆弱或绝不自暴己短的个体，才会极力避免相互相依的爱情。这种人逃避爱情，并且从未准备好接受爱情。你经常会发现，若他们感觉快陷入谈恋爱险境时，会转而嘲弄整个状况。他们嘲笑、愚弄和揶揄那些让他们感受威胁的人。他们试图以这个方式来摆脱内心的脆弱感。

这个女孩也一样，她在爱情和婚姻方面感觉脆弱，结果，当办公室里有男性对她示爱的时候，她的反应和感觉比实际需要的更强烈。除了拔腿逃跑以外，她找不到其他更好的方式。在她摆脱不了这些问题的时候，她的父母却双双过世，对她来讲，这等于是“公主”时代跟着结束。不过，她找到亲戚来照顾她，但情况不是那么令人满意。一段时间过后，亲戚们受不了她，不再给她所需要的注意力。她谴责他们，告诉他们让她一个人单独在家有多么危险，以此方式，她让自己免于陷入孤独的悲剧里。

我相信，如果她的家人彻底放弃她，对她不加理会，她一定会发疯。她达成她优越目标的唯一方式，就是强迫家人支持她，容许她无需面对人生的问题。她在心里维持着一个影像：“我不属于这个星球，我属于另一个大家把我当公主的星球。”她离发疯只剩小小一步，但只要她能掌握一些小资源，说服亲戚或家庭世交来照顾她，她便不需走此最后一步。

这里有另外一个例子，我们可由这个个案里清楚辨识出自卑情结和优越情结。一个十六岁女孩转介到我这里来，她自六七岁便偷窃成习，十二岁以后开始跟男孩厮混，往往彻夜不归。在她两岁的时候，父母经过一番冗长和艰苦挣扎后离了婚。妈妈带着她搬到外祖母家，就如同一般的情节那般，外祖母对她百般溺爱，把她给宠坏了。妈妈在跟丈夫感情最恶劣的时候发现自己怀了她，所以妈妈一点也不欢迎这个小孩。她从未喜欢过这个女儿，因此，母女俩的关系一直处于剑拔弩张的紧张状态。

“你的行为是为了报复你妈妈吗？”我问她。“我想是的！”她回答。她想证明她比妈妈更坚强，但她所以会有这个目标，是因为她感觉脆弱。她感觉妈妈不喜欢她，她产生自卑情结，感觉很苦、很难过。她唯一能想到的优越方式便是惹麻烦。当小孩出现偷窃或其他偏差行为时，通常都是为了报复。

有一个十五岁女孩失踪了八天。被寻获后被送往少年法庭，她在法庭上说她遭一个男人绑架，被捆绑并关在一个房间里八天。没人相信她的话。医生找她私下会谈要她说出真相。她很生气他不相信她说的故事，于是她刮了他一记耳光。当我看见她的时候，我问她将来想做什么，并显示出我只对她的利益有兴趣，我想帮助她。我要她说出一个她的梦，她笑了起来，并告诉我她的梦：“我在一个酒吧里。我走出去，遇见妈妈。不久爸爸也来了，我要妈妈把我藏起来，让他看不见我。”

她害怕她爸爸，并跟他抗争。他曾经处罚过她，由于她害怕遭受处罚，所以她被迫开始撒谎。假如我们听见一个说谎的个案，背后多半有一对严厉的父母。除非说出真相有危险，否则就没说谎的必要。另一方面，我们能够看出，这个女孩在某些程度上跟母亲合作。接着她跟我坦承，有一个人怂恿她去酒吧，她就在那儿待了八天。她害怕父亲惩罚她，所以她不敢说出实话，但我们可以从她的行为里了解，她希望爸爸善待她一点。她感觉受到他的压抑，唯有以伤害他的方式，她才能感觉优越过他。

我们如何能帮助这些寻找优越感却用错方式的人呢？假如我们认清努力寻找优越感的人比比皆是，做起来就一点儿也不难。于是，我们能够设身处地为他们着想，体谅他们的行为和目的。他们唯一的错误是他们努力的目标没有用处。为寻求优越感所做的努力诱激着每一个人，并且成为为人类文化所贡献的动力和源头。人类全体的生命沿着这条伟大的行动线前进，由下到上，由小到大，由挫败到胜利。不过，唯一能够真正掌控生命问题的个体，是那些努力丰富他人生命倾向的人，是那些以此方式勇往直前，同时帮助他人的人。

假如用对方法，我们会发现不难取信于他们。最终，通过合作，建立人类对价值和成功的所有评断，这是人类最伟大的宇宙真理。我们所有的行为、理想、行动和个性，皆应该以人类合作为宗旨。没人是彻底缺乏社会感的。神经症者和罪犯也知道这个公开的秘密，我们能够由他们调整自我的生活风格，或者归咎于别人所产生的痛苦里，看出他们有这个知识。不过，他们失去勇气让自己的生命变得有用。一股自卑情结告诉他们：“合作的成功不属于你。”他们会不去面对生命真正的问题，而沉溺于与想象中的对手对打，挥空拳，以确保他们个人的力量。

在人类的分工里，有一个可容纳许多不同目标的空间。或许，如我们了解的，每个目标都可能有些小错误，我们总能找到可批评之处。但人类的合作需要许多不同卓越表现汇聚在一起。有一个小孩，他的优越在算术知识里，另一个小孩却是在艺术里，第三个小孩的优越又在体能上头。一个消化不良的小孩可能相信他的问题主要是营养。他可能把兴趣转往食物上头，因为他相信以此方式就能改善状况，结果他可能变成一个大厨师或营养学教授。从所有这些特别目标里，我们能够看到对自我困难的真正弥补，一些可能性的排除，一些自我限制的训练。举例而言，我们能够了解，一个哲学家为了思考和写书，必须偶尔脱离社会自我放逐。但只要优越的目标具有高度社会感，那么无可避免的错误就永远不可能太大。

第四章

早期记忆

◎人格发展的关键

由于一个个体为完成优越状况所做的奋斗和努力，是整体人格形成的关键，所以优越状态会在精神发展的每个阶段里出现。只要我们认清这个事实，就能用它来了解一个人的生活风格。有两个重点需要牢记。首先，我们随时都可以开始：每个表征将引领我们往同一方向，朝往唯一动机、唯一主题，他的人格因此建立。其次，有许多资料我们唾手可得。每一句话，每个思想、感觉或手势皆能增加我们的了解。我们可能犯下错误，急于对他个性上一个可以跟其他上千个表征对照的情况做出评断。除非我们了解一个表征在整体里所扮演的部分，不然绝不能决定它的意义，但每个表征皆在诉说相同的东西，并促使我们加快找出解决方法。

我们好比考古学家一样，在陶器、工具、建筑物的断壁残垣、遗迹的残片破瓦和破纸张里找寻碎片，然后把这些碎片跟一个已消失的城市整体联系起来进行比对。但我们处理的不是已经消失的生命，而是一个人互有关联的全部状况。

了解一个人不是一件容易的工作。个体心理学或许是所有心理学中最难学习与实际应用的一门。我们必须听取整个故事、必须在关键证据变得充分前保持怀疑的态度、必须汇总所有的小征兆：由一个人走进房间的方式、跟我们问候和握手的方式、微笑的方式、走路的方式里收集暗示和意义。某一方面我们可能毫无斩获，但总有其他征兆来修正或确认我们的印象。治疗本身是一种合作练习和测验。唯有对别人具有真正的兴趣时，我们才能够成功。我们必须有能力看穿他的眼睛，听进他的耳朵。他也必须有所贡献，跟我们取得共识。我们必须同时探讨他的态度和问题。即使我们感觉已经了解他，但除非他对自己也有了了解，否则依然没有证据能够证明我们的了解是正确的。一个拙劣的真理永远不能成为整体的真理，它显示出我们的了解不够充分。

其他心理学派或许由于未能了解这点，所以才会诱导出“负面和正面转移” 的概念，这些是个体心理学治疗从未见过的。娇宠一个惯于被骄纵的病人，可能很容易获取他的感情，但他支配的欲望将明显地隐藏在下。假如我们对他冷淡和忽略，很可能容易招来他的敌意。他可能停止接受治疗，或者他可能继续治疗，但他却希望自我辩护，并且让我们遗憾。无论我们对他娇宠或冷淡，这两个方式都帮助不了他，我们必须展现给他知道，一个人可以如何对另一个人有兴趣。对别人没兴趣可以更真实和更客观。但为了他自己，也为了别人的福祉，我们必须跟他合作，找出他的错误。有了这个目的后，我们永远不需面对他产生“转移”，让他认为我们假装权威，或让他陷入依赖和不负责的风险。

在所有的精神表征里，个体的记忆最能泄露秘密。他的记忆是随身携带的备忘录，说明自我设限以及一切行径里的意义。没有“随机记忆”的存在。在一个个体所接收数量难以估计的征象里，他只选择记取那些跟他的问题有关的部分。这些故事代表“我一生的故事”，是一则重复给他温暖或舒适的故事，让他专注在他的目标上头，或者让他准备以过去的经验来继续未来。我们可以由每个人的行为里，清楚看见他们以记忆来稳定情绪。假如一个人遇到挫折，心情低落，他就会回想以往的挫折。如果他的人郁郁不乐，那么，他所有的记忆也都是忧郁的。当他高兴和勇气十足的时候，他选择的记忆就截然不同。他会回想愉快的事件，让他保持乐观。同样道理，假如他遭遇难题，他会把所有能够协助他解决问题的记忆找出来。

因此，记忆跟梦的目的相同。许多人在需要做决定的时候，往往梦见他们在考试里获得高分。他们把要做的决定看成一个测验，试着去重新塑造先前成功过关的心情。一个个体在他的生活风格里，不同心情也架构并平衡他的整个心情。忧郁的人若一心想着过去的快乐和成功，就无法继续忧郁下去。他会对自己说：“我这一生一直不幸得很。”而且他只会选择不快乐的记忆来印证不快乐的命运。

◎早期记忆与生活风格

一个人的记忆永远不会跟生活风格背道而驰。如果一个个体优越的目标驱使他要有这个感觉："其他人总是羞辱我。"他就会选择忆起能够解释为屈辱的事件。若他的生活风格改变，记忆也会跟着变换。他会记取不同的事件，或者他会给记得的事件一个不同的诠释。

早期记忆意义尤其深远。首先，它们是生活风格最初始和最简单的表征。我们能够借由这些早期记忆判断小孩遭宠坏或被忽视；他接受多少的合作训练；他喜欢哪些合作对象；他遭遇哪些问题，以及他如何加以克服。在一个受视力障碍之苦，训练自己更用心观看的小孩的早期记忆里，我们会发现他对视觉的自然表达。他的记忆会如此开始："我环顾四周……"或者他会描述色彩和形状。一个有生理障碍，想要能走、能跑或能跳的小孩，记忆里会显露出他对这方面的兴趣。发生在童年时期的事件，必须和这个个体的主要兴趣有关，才会被记忆下来。如果我们明了他的主要兴趣所在，就了解他的目标和个人生活风格。这个事实使得早期记忆对职业辅导具有极大价值。除此以外，我们还能由一个小孩的早期记忆里，找出他与母亲、父亲和其他家庭成员的关系。相较之下，这些记忆正确与否并不重要，它们最重要的价值是代表这个小孩的评断："我从小就是这副模样。"或者"自小我便认为世界就是这样。"

他开始说故事的方式，他能记得的最早的事件，最能提供说明、或找到线索。初始记忆会显示出个体对生命的基础看法，第一次清楚说明他的态度，让我们马上明白他在人格发展上所采取的出发点。探讨一个人的个性时，我绝不会不问及他的初始记忆。

有时候，有的人不肯说，或者声称不知道哪个事件最先发生，不过这已透露给我们信息。我们明白，他们不想讨论生命的基础哲学，他们还没准备好跟别人合作。不过，大部分人皆非常乐意讨论初始记忆。他们仅把这些记忆视同事实，不明白它们背后的意义。很少有人了解自己的第一个记忆，因此大部分说出初始记忆的人，自然会坦承出他们的生命目的、他们与其他人的关系，以及他们对世界的看法。初始记忆另一个有趣的地方是，它们既简洁又单纯，所以我们可以在团体里使用。我们可以要一班学生写下他们的第一个记忆，如果我们懂得如何诠释，就等于拥有一幅有关一个小孩非常有用的蓝图。

◎早期记忆剖析

为进一步说明，容我举出几个第一个记忆的例子，并且试着给予诠释。除了这些个体详述的第一个记忆外，我对他们一无所知，我连他们是小孩或大人也不知道。我们由第一个记忆里所发现的意义，必须和他们个性上的其他表征做比对，因为它们支持并加强我们的推测能力，所以我们可以磨炼技巧。这样，我们便能知道哪个记忆可能真实，能拿来和其他记忆比较。而且，我们能够明白一个个体是往合作发展，或是离合作越来越远；是勇敢或胆怯、希望获支持和照顾或者想要独立；他准备好付出，或者只盼望接受等等。

1. “由于妹妹……”第一个记忆里出现哪些人非常重要。当一个妹妹出现时，我们就能相当确定这个个体受到她很大的影响。这个妹妹成为另一个小孩发展的阴影。大体上，我们发现这两者关系敌对，好像在竞赛似的，而这明显增加了发展上的障碍。相较于融洽的关系，当一个小孩跟家里的姊妹对敌时，比较不能对别人发展出兴趣。不过，我们不能现在就做结论。或许这两个小孩是很好的朋友。

“由于妹妹和我是家里最小的小孩，所以我要等到她足龄上学后才能去上学。”现在她们敌对的证据变得明显了：“妹妹耽误了我！她比我小，所以我被迫要等她。她限制了我的机会！”如果这真是这个记忆所隐含的意义，我们就能推测，这个女孩或男孩有如此感觉：“当有人限制我和妨碍我自由发展时，我的生命就遭遇最大危险。”写出这个记忆的学生可能是个女孩。一个男孩上学的机会多半不会因为他有个年幼的妹妹而遭耽搁。

“因此，我们一起开始去上学。”我们不会认为这是抚育女孩长大的最佳方式。这或许会给她一个印象：因为她较年长，所以必须遭到忽视。无论如何，我们可以了解这个女孩有此诠释。她感觉自己是因为妹妹才被冷落。她会把自己的被忽视归咎给某个人。这个人可能会是她的妈妈。假如她较亲近父亲，试图得到他的疼爱，我们一点儿也不应该感到惊讶。

我依稀记得妈妈告诉每个人说，我们去上学后她有多么孤单。她说："那天下午我跑去学校好几次，由大门口外往里面找我的女儿。我感觉她们仿佛再也不会回家来似的。"这个对妈妈的形容，显示出她的举止不怎么聪明。这是女孩对她妈妈的印象。"对她来讲，我们好像再也不会回家似的。"这个妈妈明显母爱强烈，而女儿感受到她的爱，但同时也感觉到她的焦虑和紧张。如果我们可以直接跟这个女孩谈话，她会告诉我们更多妈妈较偏爱妹妹的记忆。如此的偏爱我们不会惊讶和诧异，因为家里最年幼的小孩，几乎总是最受宠爱。我能由这个记忆做出结论说，这对姊妹里的姐姐，由于与妹妹争宠而感觉受忽视。我们能推测，她在稍后的生命里会出现嫉妒以及害怕跟人竞争的征兆。即使发现她不喜欢较年幼的女性，我们亦不会奇怪。有些人穷其一生都感觉自己太老，而且许多忌妒心重的女性，她们在跟年轻的同性为伍时，都会感觉自卑。

2. "我最早的记忆是祖父的葬礼，那时候我三岁。"这是一个女孩写出来的记忆。死亡让她记忆深刻。这代表什么意义呢？死亡让她感觉最没安全感、最危险。她由这个在童年里发生的事件里获得启示："祖父会死掉。"我们可能会发现她最受祖父喜爱，并且是被他宠坏的小孩。祖父母通常都会惯坏孙儿。相较于父母，他们较无责任，而且经常希望把孙儿据为己有，以显示他们依然能够获得爱。我们的文化使得老人不容易肯定自己还有价值，有时候为寻求这份肯定，他们使用最容易的方式——比如易怒和发牢骚。在这里，我们相信这个祖父对女孩自小便百般溺爱，所以这份宠爱深深烙印在她的记忆里。他的去世对她无疑是一记重击。

“我是如此栩栩如生地记得，我看着他躺在棺木里，他整个人一动不动，那么苍白。”我个人并不苟同这种让一个小孩目睹死人容貌的做法，特别在未事先给小孩做好心里建设的情况下。许多小孩告诉我，他们深深记得某一个人过世的情景，而且永远也忘不了。这种小孩会努力降低或克服死亡的威胁，通常他们会立志成为医生，认为医生所受的训练较其他人更能抵抗死亡。如果一个医师被问到他的第一个记忆，这个记忆通常跟死亡有关。“苍白地躺在棺木里一动也不动”——这是一个目睹某个影像的记忆。这个女孩可能是那种观察型的小孩，对观察这个世界很有兴趣。

“后来在墓场里，当棺木逐渐下沉的时候，我记得那些绳子由粗盒子下面被扯了出来。”她再一次告诉我们她看见的景象，证实我对她的推测，她是那种观察型的小孩。“从这回经验以后，似乎每次只要听到有亲戚、朋友或认识的人过世的消息时，我就会很害怕。”

我们再次看见死亡让她记忆深刻。假如有机会跟她谈话，我会问她：“你长大后想做什么？”或许她会回答说：“医生。”假如她没有答案或回避这个问题，那么我会建议她说：“你不想当医生或护士吗？”当她提及“过世到另一个世界去”，我们能够了解这是她对害怕死亡的弥补形式。由她的记忆里，我们对她的整体了解是，她的祖父像朋友般对她很慈爱，她是一个观察型的小孩，而且死亡在她心里扮演极重要的角色。她由生命里获得的意义是："我们都难逃一死。"毋庸置疑地，这真实无误，但这种成见不是每个人都会有，生命里头还有许多我们能够关心或感到有兴趣的事。

3．"在我三岁的时候，爸爸……"记忆才一开始就出现爸爸这个角色。可以假设这个女孩喜欢爸爸多过妈妈。对爸爸有兴趣总是小孩发展的第二面。通常一个小孩在生命的头一两年跟妈妈的合作关系较亲密，所以首先会较亲近妈妈。小孩需要妈妈，而且会黏着妈妈；所有小孩在精神上的努力都是为博取妈妈的爱和注意。如果小孩转向父亲，母亲便已输去孩子对她的爱。这个小孩不满意自己的妈妈。通常这是因为家里有一个新小孩出生的缘故。如果在这个记忆里听到有一个新小孩出现，就能确认我们的推测正确。

"爸爸给我们买了一对小马。"这表示家里不只有一个小孩，所以我们很有兴趣听听另一个小孩的故事。"他牵着它们的缰绳走进屋来。我的姐姐，她比我大上三岁……"如今，我们必须调整我们的诠释。我们原以为这个女孩比较年长，然而实际上她是较年幼的。或许妈妈比较喜欢姐姐，所以这个女孩才会提起爸爸和他买的两匹小马礼物。

"姐姐牵着一条缰绳，骄傲地领着她的小马在外面的街上走着。"在这里，姐姐占了上风。"我的小马，它追在另一匹小马后头，快得让我追不上。"——另一个姐姐领先在前的表示！

“它拉着我，害得我整个人脸朝下栽进泥巴里头。”这是一个她极度企盼，但却以屈辱收场的经验。这个姐姐赢了，得了分。我们能够相当确定这个女孩是在表示：“假如我不小心谨慎，赢的人一定总是姐姐。我总是被她打败，吃泥巴的人总是我。我能够安全的唯一方式，就是要领先在前面。”我们也能够了解，姐姐赢走了妈妈，所以这个女孩才会转而亲近父亲。

“虽然后来我骑马的技术强过姐姐，但对这个失望的事件一点补偿都没有。” 如今，我们的推测获得确认了。我们可以看见这两个姊妹彼此竞争不断。妹妹觉得，“我总是落后，我必须试图赶上。我必须超越别人。”先前我便已描述过这种类型的小孩，通常他们在家里排行老二或老幺。这种小孩上头总有个哥哥或姐姐，总努力要取代他们。这个女孩的记忆强化了她的态度。它跟她说：“如果有人在我前面，我就遭受威胁。我必须随时保持领先。”

4. “我最早的记忆，是姐姐带我去参加派对和社交活动，我出生的时候她八岁。”这个女孩记得她自己是社群的一分子，或许我们能由这个记忆里发现她比别人具有较高的社会感。她的姐姐，大她八岁，对她一定像个妈妈一样，是家里最宠爱她的人，不过，她似乎以非常聪明的方式扩展这个小孩的兴趣。

“在我出生前，家里有另外四个男孩，姐姐是唯一的女孩，所以自然而然地，她很高兴四处炫耀我。”这似乎不如我们想象的好。当一个小孩被“炫耀”，可能会让她认为社会该欣赏和赞美她，而不是她该对社会做贡献。“因此，在我还很小的时候，她便带我外出。在这些派对里我唯一记得的事情是，她不断催促我，‘快告诉这位女士你的名字’等等的话。”一个错误的教育方式——若发现这个女孩有口吃或其他语言障碍，我们一点儿也不会惊讶。小孩说话口吃通常是因为其他人过于重视她的说话所致。与其跟别人自然和轻松地沟通，她反而被教导说话要小心，以博得别人的激赏。

“我还记得我会一个字也不说，回家后总被姐姐骂一顿，所以后来我变得痛恨外出和跟人见面。”我们必须彻底改正先前的诠释版本。现在，我们可以了解这第一个记忆背后的意义是：“我被带去跟别人接触，但我觉得很不愉快。这些经验让我从此痛恨这类的互动。”因此，我们可以推测说，她到现在依然不喜欢跟人见面的场合。我们应该可以推敲，她跟别人在一起时会感觉难堪和不自在，她相信自己应该成为人群里耀眼的星星，但这个要求对她来讲又太过分。因此，在她发展的过程里，只要有别人在场，她便会感觉不自在与自卑。

5. “在我很小的时候，发生了很重大的事件。在我大约四岁的时候，曾祖母来看我们。”我们已经提过祖父母通常会溺爱孙儿，但我们尚不知道一个曾祖母会如何对待她的曾孙。“她来拜访我们的时候，我们一起拍摄了一张四代同堂的照片。”这个女孩对她的血统渊源很有兴趣。因为她清晰地记得曾祖母来拜访，以及拍了照片，所以我们可以做出结论，这个女孩跟家人关系很亲密。如果假设没错，我们将发现她的合作能力不会超过她的家庭圈子。

“我清楚记得我被载到另一个镇里去，到了照相馆后，我换穿一件上面有刺绣的白色连衣裙。”或许这个女孩也是个观察型小孩。“正式拍四代同堂照前，我和弟弟先合照一张。”在这里，我们再次看见她对家人的兴趣。她的弟弟是家庭里的一分子，我们可能听到更多有关她和他之间的故事。“弟弟被放在我旁边的扶手椅里坐着，手里抱着一个发亮的红球。”现在，我们看见这个女孩的主要目标了。她对自己说，弟弟比较受疼爱。或许我们可以推测，她可不怎么高兴弟弟跟着来，因为他夺走了她最年幼和最受宠爱的地位。“他们告诉我们要微笑。”她的意思是，“他们试着要我微笑，但有什么事情值得我笑呢？他们把王位给了弟弟，还给他一颗发亮的红球，但他们给了我什么？”

“跟着我们拍四代同堂的照片。每个人都试着让自己看起来最好看，除了我以外。我拒绝微笑。”她开始挑衅她的家人，因为他们待她不够好。在这个最早的记忆里，她没忘记告诉我们她的家人是如何对待她的。“我的弟弟笑得很开心。他是那么可爱。从此以后，我就讨厌照相。”这种回忆充分说明了我们看待一生的方式。我们拿一个印象来调整一整个活动。我们拿它做结论，好像它们是不容置疑的事实。她在拍照片的时候很不快乐，至今依然抗拒拍照。通常我们发现一个人讨厌做某件事情的时候，总会拿一个不喜欢的经验做全部理由。这个最初的记忆，对这个主人翁的个性提供两个线索：首先，她是个观察型的小孩；其次，也是最重要的，她跟家人非常亲密。她第一个记忆完全只跟家庭圈子有关。她可能不怎么适应社会生活。

6. “我最早的记忆之一——或许它不是最早的——是在三岁半的时候发生的事件。一个帮我父母工作的女孩，带我和堂妹到地下室去，让我们偷喝一点汽水。我们爱喝极了。”

这个到地下室偷喝汽水的经验十分有趣，是一趟冒险之旅。如果现阶段要做结论，我们可能推敲出两个可能性。或许这个女孩喜欢尝试新经验，勇敢面对生命。另一方面，也许她的意思是说，这世界总有人意志较坚强，能够迷惑和摧毁我们。接下来的记忆会告诉我们答案。“一会儿后，我们决定要再喝点汽水，所以我们打算自己偷偷行动。”这是个勇敢的女孩。她想要独立自主。“于是，我们开始行动，地下室有点湿滑，结果我们把整瓶汽水泼在地上。”在这里，我们看见一个自我禁制者的形成。

“我不晓得我不喜欢喝汽水和其他饮料是否跟这个事件有关。”在这里，一个小小的事件再次成为一整个生命态度的理由。如果我们以实事求是的方式审视这个记忆，这一个事件还不足以导致这么大的影响。然而，这个女孩却暗自把它当成她不喜欢饮料的充分理由。我们可能会发现，她是个知错能改，知道由错误中学习的人。她可能非常独立，如果她知道自己做错，会喜欢自己改正。这个癖性可能赋予她整个生命特色。好像她在说：“我犯错，但当我明白它们是错误后，我会马上改正”。假如真是这样，她会是个具有良好特性的人：积极、勇敢，永远尽快想改善自己和环境，有一个良好和有用的品格。

在所有这些个案里，我们所做的事情是在磨炼推测的智能，在我们能够肯定结论正确之前，我们需要检讨一个人其他的特征。现在让我们来研究几个个案，在这里，我们能够清楚地看见表征与个性间的关联。

一个受神经焦虑症之苦的三十五岁男性来找我。他只有在离开家时才感觉焦虑。偶尔他被逼去找工作。不过只要一到办公室，他就会悲叹并哭喊一整天，直到下班回家，回到妈妈身边后，人才能平静下来。在被问到他的第一个记忆时，他说："记得四岁的时候，我在家里坐在靠近窗户的地方，我兴趣浓厚地看着外面街道上来来往往的人群。"他想看别人行动和工作，至于他自己呢，则只想坐在窗户旁边观看。如果他要改变状况，我们唯一能做的事情是，帮助他从认为不能跟别人合作的信念里释放出来。迄今，他一直认为别人支持他是他唯一的生活方式。我们必须改变他的整个想法。指责他也没用，给他吃药或打荷尔蒙也说服不了他。不过，他的第一个记忆让我们找到一个更容易引起他兴趣的工作。他的主要兴趣是观看别人。我们发现，他是个大近视，由于这项缺陷，他对有形的事物更特别用心观察。等他长大成人，年纪大得该去工作后，他依然想要继续观看，不想工作。然而，这两者不一定有抵触。痊愈后，他发现一个可以满足主要兴趣的事业。他开设了一家艺廊，于是他能以自己认可的方式贡献社会。

一个三十二岁的男性来找我做治疗，他患有歇斯底里性失语症，只能跟人低语般说话。这种情况已持续两年。两年前，某一天他踩到一根香蕉皮，头撞上一部计程车车窗，从那以后他就变成这样子。他呕吐了两天，开始出现偏头痛。他有脑震荡毋庸置疑，但喉咙并未受到伤害，所以脑震荡不足以构成不能说话的原因。八星期以来，他完全说不出一句话。现在这个事件闹上法庭，但这个个案棘手得很。他把整个事件归咎于计程车司机，对计程车公司提出诉讼和要求赔偿。如果他能显示他生理失能，他很有机会打赢官司。我们并不是暗示说他人不诚实，但他没理由不能说话。或许他是在撞击后，精神受创过深，以致说话有困难，而且他看不出有什么理由应该要改变。

病人看过一个专治喉咙的医生，但专家没发现他的喉咙有毛病。我问他的第一个记忆是什么，他告诉我们说："我在一个悬吊着的摇篮里仰躺着。我记得我看着挂钩松掉。摇篮掉在地上，而我受了重伤。"没人喜欢跌倒，但这个男性过于强调跌倒，专心在它引起的危险上。这是他最主要的兴趣所在。"我掉下地，房门打开了，我的妈妈走进房来，一脸恐怖。"他这次坠地事件吸引了母亲对他的注意，但这个记忆也是一个叱责——"她没把我照顾好。"同样道理，计程车司机和计程车公司皆需谴责，他们也都没有把他照顾好。这是一个被宠坏儿童的生活风格：他试图要别人负责。

他接下来的记忆告诉我们相同的故事。"五岁的时候，我由二十英尺高的地方掉下地，还被一块重重的木板压着。有五或六分钟说不出话来。"这个男性很习惯失去语言能力。他训练自己，让坠地或跌倒变成他拒绝说话的理由。我们不能说这个理由够充足，但他似乎认为已经足够。他的经验以此模式为根据，如果他跌倒了，接着他就自动不能说话。唯有明白这是个错误，他才能痊愈，特别在他明白不用在一个事件后只能低声说话两年。

不过，在这个记忆里，他告诉我们为何他难以明白这个道理。“我的妈妈走出来，”他接着说，“她看起来担心和紧张极了。”这两次坠地事件吓着了妈妈，吸引来她对他的注意。他是一个需要溺爱，想要成为注意中心的小孩。我们能够了解，他不幸的命运有多么需要补偿。其他被宠坏的小孩可能情况类似。不过，他们可能不会朝失语的方向发展。这是这个病人的特色；这是他依经验建立的部分生活风格。

一个二十六岁的男性来找我，抱怨说他找不到满意的工作。八年前，他的父亲让他进入经纪行业，但他从未喜欢这个工作，最近他刚辞职不干。他试着找其他工作，但一直都不顺遂。他还抱怨说失眠，经常想自杀。辞去经纪工作后，他离开家，在另一座城里找到一份工作，但他收到家里寄来的信，说他的母亲病重，所以他又回家和家人同住。

从这个故事我们已经能够推测，他被妈妈宠坏，而他的父亲则试图压抑他。我们可能发现，他的生活风格便是抗拒父亲的严厉和管束。在被问及家里的排行时，他回答说是老幺，而且他是家里唯一的男孩。他有两个姊妹。姐姐总试着管教他。他的父亲对他不停挑剔和唠叨，他深深感觉自己被家人牵着鼻子走。他的妈妈是他唯一的朋友。

他直到十四岁才上学。后来，爸爸送他去读农业学校，以后才能在爸爸计划购买的农场上帮忙。这个男孩在学校的成绩还不错，但他决定不当农夫。是爸爸帮他在经纪公司找到工作的。他能一待就是八年还真让人惊讶，但他这么做的原因，完全是因为他想尽可能多帮妈妈一点。

所以，小时候他懒散和胆怯，怕黑和害怕孤独。当我们听见一个懒散小孩的个案时，总必须找出某个跟在背后帮他收拾的人。当我们听到一个小孩怕黑，不喜欢孤单一人时，他一定是在寻求某个人的注意和安慰。在这个个案里，这个人是他的妈妈。他发现交朋友并不容易，但他感觉自己跟陌生人社交的能力还足够。他从未谈过恋爱，他对感情没有兴趣，也不想结婚。他看见父母的婚姻很不快乐，难怪他会抗拒婚姻。

父亲依然对他施加压力，要他重回经纪行业。他自己则宁愿去做广告业，但他相信家人不会在经济上支援他，让他去接受专业训练。我们能够了解他的每一个举动都是为了跟父亲对抗、唱反调。当他在经纪公司工作时，虽然在经济上已能独立，但却从未想到用自己的钱去接受专业广告训练。直到现在才想到要这么做，因为他想反抗父亲对他的新要求。

他的第一个记忆清楚显示出，一个被宠坏的小孩对严厉父亲的抗拒。他记得自己在父亲的餐厅工作。他喜欢洗碗盘和更换餐桌碗盘的工作。他管闲事，自动跑去更换餐桌碗盘的举动激怒了父亲，父亲当着顾客的面刮他耳光。他把早期的经验当做父亲与他为敌，他整个生命都在跟父亲抗战。其实，他依然不想去工作。只有伤害父亲他才能感觉到满足。

他想自杀的原因很容易解释。每一件自杀都是一个叱责，他借由想自杀的念头表明：“一切都是爸爸的错。”他对工作不满也是为了跟爸爸抗争。不管父亲提出什么计划，这个儿子一定反对和抗拒。但他是个被宠坏的孩子，事业上无法自立。实际上他根本不想工作，他宁可玩乐，但他跟母亲还保有某种合作关系。但他跟父亲作对如何解释他的不眠症呢？

假如他失眠，次日他就会没精神工作。他的父亲期待他去工作，但这个年轻人很疲倦，感觉无法工作。当然，他可以说："我不想工作，我不要被人强迫。"但他关心妈妈和整个家庭的经济。如果他拒绝工作，家人会认为他没有前途，无药可救，拒绝在经济上给他资助。他必须找一个借口。他明显找到一个——失眠。

一开始他说他从不做梦。不过，后来他记起一个经常做的梦来。他梦见有一个人朝墙扔球，但球总是弹到别的地方去。这个梦听起来似乎微不足道。我们能由这个梦和他的生活找出关联吗？

我们问："接下来怎样？"他告诉我们说："每次球一弹开我就醒了。"现在，他已经透露出失眠的整体架构。他把这个梦当成唤醒他的闹钟。他梦见每个人都想推他向前，驱使并支配他去做不想做的事。他总在这时候醒来。因此，隔日他疲倦不堪，而当他很疲累时他就不能工作。他的父亲非常企盼他去工作，于是，利用这个迂回的方式，他打败了父亲。

我跟他剖析梦境后，他便不再做这个梦，但他告诉我，他仍偶尔会在晚上醒来。他再没勇气继续做这个梦，因为他明了它的目的，但他依然故我，让自己在隔天感觉劳累。我们能做什么来帮助他呢？唯一可能的方式就是，调解他和父亲间的关系。只要他所有的努力还专注在激怒、挫败父亲上，就没有解决的办法。我依照我们惯常的方法开始，对他坦承，父母在对待他的态度上必须调整。

“你的父亲大错特错！”我说。“他一直对你施压的做法极不明智。或许他有病，需要治疗。但你能做什么呢？你不能期待去改变他。假设天要下雨，你能怎么做呢？你能撑把雨伞或坐上计程车避雨，但你试图阻止下雨一点也没用处。目前你就是在跟雨水抗战。你相信这是显示力量的方式，也让你心里舒坦些。但是，你不过是在自我伤害，这比其他任何人能伤害得你还深。”

我展示给他知道问题隐藏的关联性——他对事业的不确定、他想自杀的念头、他离家出走、他的失眠，而且我告诉他，这些全是他在处罚自己惩罚父亲。我还给他一个忠告：“今晚你上床睡觉的时候，想象你要不时把自己叫醒，这样明天你才会感觉疲倦。想象明天你会累得不能工作，父亲会气得大发脾气。”我要他面对事实：他的主要目的是在激怒和伤害父亲。若我们阻止不了这场抗争，任何治疗都没有用。他是个被宠坏的小孩，我们依然能够看出，如今他自己也明白这点。

这种状况相当类似恋母情结。这个年轻人一心想要伤害父亲，深深依恋着母亲。不过，这跟性无关。他的母亲溺爱他，而父亲对他一直残酷不仁。他被一种不正确的养育方式抚养长大，所以对他自己的处境产生错误诠释。他并不像奴隶那样出自本能杀害凌虐他的部族首领，他是从自我经验里创造出这一切。每一个小孩都能产生类似的态度。我们只需给小孩一个溺爱他的母亲，就好比这个个案的妈妈一样，再给他一个严厉的父亲，如同这个年轻人的爸爸。假如小孩和父亲敌对，又无法独立解决自身的问题，我们就能了解，他们很容易采取类似这个个案的生活风格。

第五章
梦

几乎每一个人都会做梦，但很少有人了解他们的梦：事件的一种惊异状态。做梦，毕竟是人类全体共同的活动。人总是对梦保持着浓厚兴趣，急欲明白它们的意义。许多人相信他们的梦意义重大、奇怪和短暂。这个对梦的兴趣，我们可以追溯回人类最早期历史。然而，整体而言，人类对自己做梦时究竟在做些什么，或者自己为何做梦，依然全无概念。就我个人所知，只有两个学说解析梦。这些学说由弗洛伊德精神分析学派和个体心理学派创立。而这两者间，或许只有个体心理学家能宣称，他们采取常识性方式解析梦。

◎以往的梦的解析

早期人们对梦的了解当然不够科学，但依然值得我们思考。

至少，它们显示人类如何看待梦，以及他们对做梦保持什么态度。梦是心灵创造活动的产品，而且，如果探讨以往人们了解梦所扮演的角色，我们就能了解它们。我们在研究之初就已发现，人类一向把梦跟未来有某些关联视为理所当然。人经常感觉某些神灵、上帝或祖先会掌控做梦的心灵，有些人则把梦作为引导脱困的指南。

古老的梦书给梦者提供解析，并预测做梦者的未来。原始人在他们的梦里寻找前兆和预言。古希腊人和古埃及人到庙堂膜拜，祈求梦见改变未来生命的圣梦。这种梦被认为有治疗效用，能去除生理和精神障碍。美国的印第安人则借由净身、斋戒和泡汗澡等痛苦做梦，然后以梦的解析作为行为根据。古圣约书里的梦，总被解析跟未来发生的事件有关。即使到了今天，还是有人坚持他们的梦在后来获得实现。他们相信，在梦里他们有透视力，而且这个梦不知怎地能够预知未来。

以科学做立足点来看，这种见解似乎荒谬可笑。从我试图解决梦的问题开始，有一件事情对我再清楚不过，就是做梦的人较不能预测自己的未来，而一个清醒的人较能运用自己的能力。梦不见得较日常思考更睿智和更有预言性，反而只会让人更迷惑。然而，梦这个传统存在一定有其原因，或许我们可能从它里面找到一些真理。假如我们抱持适当的态度，或许它能够提供我们所需的线索。

我们已经了解，人以为梦能提供他们解决疑难的方法。我们可以归纳说，个体做梦的目的是为未来寻求指引，为自身问题寻求解决的办法。这跟梦能预知未来的见解相差甚远。我们仍然必须思考，这个个体在寻求哪一种解决方式，以及他希望在哪里找到它。任何一个由梦所提供的解决方法，似乎都不如检视整体状况后所找出的方法适当。其实，说一个个体做梦是希望在睡眠中找出解决问题的方法，这种说法一点儿也不为过。

◎弗洛伊德学说

弗洛伊德学说试图让梦具有科学能够了解的意义。然而，在几个要点上，弗洛伊德学说对梦的解析却又脱离科学领域。举例而言，它预设心灵在白天和晚上的工作是不同的。“有意识”和“无意识”互为其反，梦被赋予自有的法则，与日常思考的规则对立。这个对照或二元性思想，能够由神经症者那里获得清楚的说明。人经常相信左和右是相反的对比，男性和女性、热和冷、轻和重、强壮和脆弱等都是对比。以科学作为立足点时，它们不是对比，而是相异。它们是一个天秤的计度，依它们的适性安排，达成某种虚构的理想。好和坏，正常和异常，实际上也不是相反的对比。任何理论若把睡眠和走路，梦中思想和日常思考视为相反的对比，自然就不科学。

弗洛伊德学说的另一个问题是说，梦和性背景适得其反。这亦脱离人正常的目的和活动。假若这是真的，梦就具有代表整体个性表征以外的意义，仅是个性的一部分而已。弗洛伊德学派给梦一个单纯的性解析并不适确，而且弗洛伊德建议说，梦有可能是死亡的无意识表征。或许我们能够找出道理，证明这是真实的。梦，如我们了解的，是一个企图，是想要容易地抓取解决问题的方法，而且显示出个体的缺乏勇气。不过，弗洛伊德学说用语隐喻性极高，无法带领我们对梦如何发现个体的整体个性有更进一步的作用。而且，梦中生活与清醒生活似乎相差很远。弗洛伊德学说给予我们许多有趣和珍贵的暗示。举例而言，它说梦本身不重要，重要的是梦所隐含的思想，这个暗示尤其有用。在个体心理学里，我们完成有点类似的结论。弗洛伊德精神分析学说所欠缺的是一个心理学科学的首要条件——对人格关系，以及对个体所有思想、言语和行为和谐上的认知。

这项缺陷可以由弗洛伊德对诠释梦的回答里观察得知。“梦的目的是什么？为何我们做梦？”这位精神分析学家回答说：“为了满足个体未实现的欲望。”但这个观点绝不解释一切。举例而言，如果这个梦不见了，如果这个个体忘记了这个梦，或者理解不了这个梦，这份满足在哪里？每个人都会做梦，不过很少有人了解自己的梦。我们能由做梦里获得什么乐趣？假如梦中生活和日常生活分离，而梦所给予的满足在前者里发生，我们或许能够了解做梦者做梦的目的。但这个解释和个体的个性失去了关系。梦不再对这个清醒的人具有任何目的。

由科学的观点来看，做梦者和清醒者是同一个个体，梦的目的必须适用这一互有连贯的个性。有一种人我们确实可以把他在梦里实现希望的努力，跟整体个性联结在一起。这种类型的人是被宠坏的小孩，这一个体总是在问：“我如何能得到我想要的东西？生命给我什么？”这一个个体可能在梦里寻找满足，就如同他所有的行为一样。其实，倘若仔细研究，我们会发现弗洛伊德学说是与被宠坏小孩一致的心理学，这种小孩感觉他的需要永远不能被拒，他感觉有其他人存在不公平，他总是在问：“为何我该喜欢我的同胞？我的同胞喜欢我吗？”

精神分析以一个被宠坏小孩的心态做基础，事无巨细地研究这个领域。但寻求满足仅是百万个优越目的里的一个，我们不能够接受它是所有个性表现的中心动机。如果我们实际找出梦的目的，这能协助我们了解人为何忘记自己的梦，或者为何无法明白它们的目的。

◎个体心理学的方式

这是我在约二十五年前，开始研究梦的意义时，所面对的最棘手问题。我能够了解梦中生活不是清醒生活的相反和对比，它与生命的其他行动和表现对等。假如，白天我们忙于达成优越的目标，晚上一定忙于同样的问题。每个人做梦的目的和他们清醒生活里的目的相同，好像他们也必须在梦里努力寻求优越目标一样。因此，梦一定是他们生活风格的产品，并且保持一致的目的。

强化生活风格

以下思考能立即协助说明梦的目的。我们做梦，早上醒来，通常已经把梦忘得一干二净。我们似乎没留下任何印象。但真是这样吗？我们真的一点儿印象都没有了吗？有些东西留了下来：梦所引起的感觉依然跟着我们。梦的影像全不见了，一点儿对梦的了解也没留下——我们只剩萦绕不去的感觉。梦的目的一定在掀动起的感觉里面。梦仅是撩动我们情绪的一个方式，一种工具。梦的目的就是它所留下的感觉。

一个个体创造的感觉必须跟他的生活风格一致。梦中思想和白昼思想这两者并不一定绝对不同，这两者并无明显的分野。让我们来给这两者的不同做简短的说明：在梦中，我们跟现实的接触较清醒时少，但我们并未真正脱离现实。假如某个问题在白天困扰我们，晚上我们睡觉时亦会一样困扰。事实是，睡觉的时候，我们能够避免不让自己掉下床，这表示我们与现实的联系依然存在着。不管外面街道多嘈杂，为人父母者依然可以呼呼大睡，但小孩若稍有动静，他们却马上惊醒。即使在睡眠中，我们依然跟外面的世界保持接触。然而，虽然我们的知觉能力不是不存在，但却大大减弱，我们与现实的接触也因此减少。做梦的时候，我们是孤独一人的。社会对我们的要求不再那么沉重和急迫。在梦中的思想里，我们没有义务要诚实地去处理周围的状况。

唯有在我们完全卸除紧张，并找到解决问题的方法时，我们的睡眠才不会遭打断。做梦是平静和安稳睡眠的原因。我们能够归纳说，即使在睡眠中，现实依然对我们施压，告诉我们所需面对的困难，我们必须找出一个解决方法，只要我们不能肯定有解决问题的方法，我们就会做梦。

现在我们来检讨，睡眠中的心灵如何面对问题。由于我们不是在处理整个状况，所以问题会容易一点，而我们无须多加自我调整就能找到解决办法。梦的目的是支持和强化做梦者的生活风格，激起最适合的感觉。但为何生活风格需要支持呢？有什么可能威胁它呢？它在现实里是脆弱、容易受攻击的。因此，梦的目的就是抵御生活风格遭受现实的要求。这提供给我们一个有趣的了解。如果个体面对他不想解决的问题，梦所激起的感觉可以帮他确认这个态度。

乍听之下，这可能和清醒的生活有抵触，但在现实里是没有抵触的。当我们清醒时，我们可以撩起完全一样的感觉。假如有一个人不愿面对某个问题，他依照常识不想去处理它，宁可去追求旧的生活风格，那么，他会竭尽一切努力调整他的生活风格，让它看起来令人满意。举例而言，一个人的目标可能是想赚大钱，不需努力和工作，无需对他人贡献就能不劳而获。他想起赌博这个可能性。他知道许多人赌博输了大钱，因而灾祸连连，但他想要轻松赚钱，他想要一夕致富。他将怎么做？他想象自己靠投机和赌博发了大财，然后买一部跑车，过奢侈的生活，让大家知道他很有钱。这些影像撩动他的感觉，加快他付诸行动的脚步。最后他失去常识和理性，开始赌博。

同样事情在更普通的情况下发生。假如我们在工作，有人过来说他看过一出戏很好看，这时我们便会想放下手里的工作去看戏。如果一个男性正在谈恋爱，他会想象自己的未来，假如他陷人热恋，所想象的未来就会很愉快。有时候当他感觉悲观，他会想象未来暗淡不乐，而且这些想象一定会撩动他的感觉和情绪，因此，只要注意一个人为自己掀起哪种感觉，我们便能辨别他人属于哪个类型。

但如果梦除了感觉以外什么都没留下，一般感觉会怎样？做梦和一般感觉对峙。我们可能会发现，不喜欢被感觉困惑，喜欢科学的人经常不做梦，或者根本不做梦。一般感觉是合作的面向，不想好好接受合作训练的人不喜欢一般感觉。这种人经常做梦。他们感觉焦虑，认为他们的生活风格应该占有优势和获得认可；他们希望规避现实的挑战。我们归纳梦是一个个体企图为他的生活风格和目前问题建立起一道桥梁，于是他就能避免调整他的生活风格。生活风格是我们梦的作者、监制和导演。它会撩起这个个体需要的感觉。如果我们无法由梦里找出端倪，就不能找出个体的其他个性和行为。无论我们做梦与否，我们都会以相同方式解决问题，但梦为我们的生活风格提供支持和辩解。

如果这是真的，我们对梦的了解就迈入崭新和十分重要的一步：在梦里，我们是在自我愚弄。每个梦都是一个自我陶醉、自我催眠。它整个目的是在制造我们最能面对某一状况时的心情。跟我们在日常生活里的发现一样，我们应该由梦里正确看出相同的个性，一如往常受心灵支配，为白天所需使用的感觉作准备。如果我们的观点正确，即使在梦的架构里，在它运用的方式里，我们也能够看到自我欺骗。

有何发现呢？首先，我们发现某个选择的影像、事件和状况。先前我们已经提过这些选择。当一个个体回顾从前时，他顺从影像和事件的汇集。他的选择有支持某种立场的倾向，他只从记忆库里择取支持个人优越目标的记忆。他的目标统治记忆。同样，在梦的架构里，我们仅拣取那些能够强化我们生活风格，并显示生活风格如何要求我们解决某一问题的事件。于是，这个事件的选择，象征我们的生活风格面对眼前困难的意义。在梦里，生活风格请求依从它的方式。现实里解决困难需要一般感觉，但生活风格拒绝让路。

象征与比喻

梦还由什么地方而生呢？从最早期的观察，到当代弗洛伊德特别强调的学说，梦主要建立在象征和比喻上。好比一个心理学家说的：“在梦里，我们是诗人。”为何梦以诗歌和比喻作为表达语言呢？答案很简单。如果我们以普通方式诉说，没有比喻或象征，我们就逃避不了一般感觉。比喻和象征便能够滥用。它们能够混入不同意义，同一期间里，它们能说两件事情，其中一件或许相当虚假。它们能引出不合逻辑的结论，并撩起感觉。我们也在日常生活里使用它们。如果我们想要纠正某个人，或许会说：“别像个小孩一样！”某种不相关的东西，某种纯粹是情绪的说法，总是不知不觉混进我们的比喻里。当一个大块头男人生小个儿男生的气时，他或许会说“他是一条虫。他该被踩死。”他用比喻来表达愤怒。

比喻是奇妙的表达工具，但我们可以用它来自我欺骗。当荷马用雄狮掠原的比喻来形容希腊军队时，他提供我们一个壮丽的影像。我们相信他想描述一些可怜、战甲脏污的战士爬过原野吗？不是的，他想要我们把战士想象成一群雄狮。我们知道他们不是真正的狮子，但假如诗人描绘战士如何气喘吁吁冒汗前进，他们如何振作勇气或不畏艰险，他们的盔甲如何老旧，以及其他几千个细节，我们的印象就不会如此深刻。比喻用来描绘美丽，用来想象和遐想。不过，我们必须坚持，比喻和象征若被一个生活风格遭误导的人使用，必会危险无比。

有一个学生正面临考试。他的问题很直接，他应该以勇气和一般感觉来解决问题。但如果有一部分的生活风格要他逃避，他可能会梦见打一场仗。他用比喻的形式绘出这个问题的影像，让自己感觉不害怕。或者他会梦见自己站在无底深渊的边缘，他必须掉头跑开，避免自己坠下。他必须产生这类感觉作为规避策略，一个逃避形式，他用无底深渊来比喻考试是在自我愚弄。同样地，我们能够辨识另一个经常在梦里使用的计划，就是拿一个问题出来，降低它的严重程度，直到只剩下原始问题的本质为止。

再拿另一个学生为例，他勇气十足，对生活充满信心，希望完成他的工作和通过考试。不过，他依然需要支持，想要自我肯定——他的生活风格如此要求。考试前一晚，他梦见站在一座高山的山顶上。他的状况影像被极度简化，仅出现了生命状况里最小的部分。考试这个问题对他最严重，但他排除掉许多的面向，专注在成功面向上头，激起能帮助他的感觉。次日起床时，他感觉比以前更快乐，更有精神和更有勇气。他成功地把问题的严重性降到最低。虽然他使自己感觉更胸有成竹，但实际上他也是在愚弄自己。他并未面对整个问题，他仅激起一个心情，让自己有信心。

这种刻意激起感觉的动作，一点儿也不足为奇。一个人想跳过一条河流前通常会先喊一、二、三——跳。他喊一、二、三——跳，真有那么重要吗？这一点儿关系也没有。不过，他数三后再跳，是要激起感觉与汇聚力量。我们拥有详述生活风格所需的全部精神资源，其中一个最重要的资源，就是自行激起所需感觉和情绪的能力。我们不分日夜忙于这个工作，不过，或许它在梦里更见清晰。

让我用一个自己的梦来说明自我愚弄的方式。大战期间，我在一间医院担任士兵震吓痴呆症的主治医师。我看见士兵适应不了战争时，为了帮助他们，我尽力试着分配他们去做轻松的工作。这大幅度地缓解了他们的紧张，效果经常都很成功。有一天，一个士兵来找我，他是我所见过体格最好和最健壮的男性。他非常沮丧，我边帮他检查，边想怎么能帮他。当然，我最想做的事情，是把所有受困的士兵都送回家去，但我的建议必须经过上级长官核准，而且我必须规范自己不能太慈悲。这个士兵的个案很麻烦，但检查结果出来后，我还是跟他说："你得了震吓痴呆症，但你非常强壮和健康。我会分派你做轻松点的任务，这样你就不用上前线。"

发现自己没办法回家后，这个士兵心情跌入谷底，他回答说："我是个差劲的学生，但我必须靠军校的津贴养活年老的父母。如果我上不了军校，他们会饿死。假如我不帮助他们，他们会死掉。"

我真的希望能送他回家乡担任文职工作，但我害怕如果真这么建议，上级长官会很生气，反而指派他上前线作战。最后，我决定依我最诚实的方法去做。我会证明他只适合当值班警卫兵。那天我回家后，晚上睡觉时做了一个噩梦。我梦见自己是杀人犯，在黑暗的小街上奔跑，试着想起被我杀害的人是谁。我不记得我杀了谁，但我感觉："我杀了人，我完蛋了。我的生命完了。一切都没救了。"

醒来后，我的第一个念头是："我杀了谁？"后来我想起："如果我不给这个年轻人文职工作，或许他还是会被送往前线阵亡。那么我就变成杀人犯。"你们看到我如何激起感觉来自我欺骗。我没杀害任何人，即使我预见的情况真发生了，我也不需内疚。但我的生活风格不让我冒这个险。我是个医生；我是来挽救生命，不是来扼杀生命的。我提醒自己，如果我派他做较轻松的工作，上级可能送他上前线，情况反而更糟。我想起如果我想帮助他，唯一能做的事情是遵循一般的感觉，别管我自己的生活风格。于是，我做好建议报告，证明他适合当值班警卫兵。

后来发生的事件证明遵从一般感觉总是较好。我的上级读了我的建议报告，他在上面画了个大叉。我想："现在他要派他上前线去了。我早该建议他转任文职的。"但接下来上级在报告上写道："转任文职六个月。"原来我的上级收了贿，给这个士兵放水。这个年轻人从未上过军校，他跟我说的话没有一句是真的。他编故事给我听，只希望我派他做轻松点的任务，同时使得收贿的上级有机会更改我的报告。从那天开始，我想最好不要做梦。

梦是设计来愚弄和欺骗我们的事实，说明了它们鲜少被人了解。假如我们了解自己的梦，梦就不再有力量激起我们的感觉和情绪，再也欺骗不了我们。我们会偏爱符合一般感觉的方式，我们会拒绝遵从梦给我们的暗示。于是，如果梦被了解了，就会失去它们的目的。

梦是现实问题和生活风格的一道桥梁，但我们的生活风格不需要任何支援。 它应该直接与现实接触。人做许多不同的梦，当一个人遭遇某个问题时，梦透露出他的生活风格需要支援。因此，梦的诠释因人的不同而异。所以，不可能用公式来解释象征和比喻；梦是生活风格的产物，依个人对自身状况的诠释而起。如果我简短描述一些较典型的梦，我并不是在提供解梦的指引，我是想协助大家对梦和它们的意义能有大体上的了解。

◎常见的梦

许多人都梦见过飞翔。了解这些梦的关键，就在梦激起的感觉里面。它们留下一种漂浮和勇敢的心情。它们由下往上引导。它们描述困难的克服，以及优越的努力。它们让我们想象自己是勇敢、积极和野心勃勃的，但无法由自己的野心里释放出来，甚至连睡觉时也不能。这种梦涉及的问题是：“我该不该继续下去？”而它们所建议的答案是：“我的路上没有障碍。”

极少人没做过下坠的梦。这种梦非常值得注意。它显示人较专注在自我保留和害怕挫败，较无心去克服困难。当我们想起传统上警告小孩，护卫他们时，这就变得容易了解。小孩总被告诫说：“别爬上椅子！别玩剪刀！离火远一点！”他们周围常围绕着虚构的危险，但让一个个体胆怯永远不能面对真正的危险。

当人做了浑身麻痹或错过火车的梦时，这意义大体是：“如果这个问题未涉及我就已过去，我会很高兴。我必须绕道而行，必须迟到，这样我便不需面对这个问题。我必须错过火车。”

许多人梦见考试。有时候在梦里，他们很惊讶地发现，年纪这么大了竟还要考试，或者成功考完一个考试，但这个考试科目他们以前早就考过高分了。这种梦对某些人意义会是：“你还没准备好面对问题。”对其他人它的意义则变成：“你以前就考过，目前你也能过关。”梦对每个人的象征永远都不会相同。我们主要必须考虑的是，梦所遗留下来的心情，以及它与整个生活风格调和的方式。

◎一些个案研究

曾经有一个三十二岁的神经症者来找我做治疗。她是家里的第二个小孩，跟大多数排行老二的小孩一样，她非常有野心，凡事总想抢第一，并用一种非难的态度解决所有的问题。她因为神经衰弱来找我治疗。她跟一个较她年长、生意失败的已婚男人谈过一次婚外情。她想跟他结婚，但他离不了婚。她梦见一个男性，是她到乡下住时承租她公寓的房客，他搬进来后不久就结了婚，但却没钱支付房租。他的人不诚实，也不认真工作，逼得她只好把他赶走。我们马上了解这个梦和她目前的问题有关。她在考虑该不该嫁给一个生意失败的男人。她的爱人很穷，不能在经济上支持她。他曾经带她外出吃晚餐，身上的钱却不够支付账单，这尤其更加深了她的疑虑。这个梦的结果是在激起她反对结婚的感觉。她是个有野心的女人，她不希望跟一个穷男人牵扯一生。她用一则比喻来问她自己说："如果他租了我的公寓却付不出房租，我要对这个房客怎么办？"答案是："他必须离开。"

然而，这个已婚男人不是她的房客，他的状况和男房客不同。一个支持不了家庭经济的丈夫，跟付不出房租的房客是不一样的。为了解决她的问题，为了更肯定追随她的生活风格，她给自己这个感觉："我一定不能跟他结婚。"于是，她避免依一般感觉的方式面对整个问题，仅处理它的一小部分。同时，她把整个爱情和婚姻的问题减到最小，"一个男人租了我的公寓。如果他付不出钱就必须被赶出去。"

由于个体心理学的治疗技巧，总是在引导个体增加勇气，勇敢面对人生问题，所以，个体的梦会随着治疗过程改变，显露出一个更有信心的态度。一个忧郁症病人，她在发病前做的最后一个梦是："我独自一人坐在外面的板凳上。突然间下起强劲暴风雪。我很幸运能够逃脱，因为急着进门找我的先生。接着我读报纸上的人事广告，帮他找适合他做的工作。"这个病人能够诠释自己的梦。它清楚显示出想跟丈夫和解的感觉。一开始她恨他，痛苦地埋怨他软弱，他缺乏创业精神，无法赚取富足的生活。这个梦的意义是："与其暴露在外面的危险中，我最好还是跟丈夫在一起。"虽然我们可能赞同这个病人做的结论，但她跟丈夫和婚姻的和解方式，相对上却充满焦虑的阴影。孤单的危险被她过度强调，而且她依然未充分准备好，勇敢地跟丈夫合作。

一个十岁男孩被带来我的诊所。学校里的老师抱怨他对其他小孩残忍和恶毒。他在学校里偷东西，然后把偷来的东西藏在其他男孩的座位，嫁祸给他们。这种行为只会出现在一个有羞辱他人需要的小孩身上，以证明残忍和恶毒的人是别人，不是他自己。如果这是他采取的手段，我们能够猜测，他一定是从家里学来的，他家里一定有某个人灌输他这个思想。这个十岁男孩在街上朝孕妇扔石头，当场被逮个正着。以他的年纪，他可能明白怀孕是怎么事。我们可以猜测他不喜欢怀孕这件事情，而且，我们必须了解他家里是否有一个不受他欢迎的弟弟或妹妹。老师在他的评估报告上说他是"邻里害虫"；他欺负其他小孩，骂他们脏话、说他们坏话，他还追打小女孩。这显示家里可能有一个妹妹跟他竞争。

我们得知他是家里两个小孩的老大，有一个四岁的妹妹。他的妈妈说他很爱自己的妹妹，对她一向很好。这让我们难以置信——这么一个男孩不可能爱她的妹妹。稍后我们会看到我们的推测获得证实。这个妈妈还宣称，他们夫妻的感情很好。这个男孩真不幸。显然父母不肯对他的错误负责：一定是他的劣根性作祟，命运使然，或者是祖先搞的鬼！

我们在个案研究里经常听见完美理想的婚姻：如此一对出色的父母却生出这么可怕的小孩！教师、心理学家、律师和法官皆目击过不幸事件。其实一个“完美理想”的婚姻，可能给这个个案的男孩带来大问题：如果他明白他的妈妈深爱爸爸，这可能激怒他。他想要获得妈妈的全部注意力，他可能假装他爱其他人。那么，我们要怎么做呢？假如幸福的婚姻对小孩不好，那么不幸福的婚姻岂不更糟？首先，我们必须让小孩学习合作。我们必须避免让他紧黏爸爸或妈妈不放。这个个案的小孩一定被宠坏了，他想要保有妈妈的注意力，只要他感觉注意不够，就开始惹麻烦。

在这里，我们立即发现我们的猜测获得确认。这个妈妈从不处罚小孩而等他的爸爸回家来惩罚他。她认为自己太柔弱，觉得只有男性才能够命令和要求，以及够强壮处罚小孩。或许她想要儿子持续依恋她，害怕失去他的爱。无论如何，她逐渐引导儿子失去跟爸爸合作的兴趣，父子间的摩擦越来越大。我们听说这个父亲深爱他的妻子和家庭，但男孩使得他下班后害怕回家。这个男孩并没有不喜欢他的父亲，这也是我们听说的。再一次，这是不可能的事情——这个男孩意志并不薄弱。他只是学会了很有技巧地隐藏起他的感觉罢了。

他爱妹妹，但他不会好好地跟她玩，而且经常打她耳光或踢她。他睡餐厅的活动床；妹妹睡在父母房的一张婴儿床里。现在如果我们能够设身处地为男孩想，假如我们能够体谅他的心境，这张在父母卧房的婴儿床会困扰他。我们试图以这个男孩的心态来思考、感觉和观看。他想要成为妈妈注意的中心。到了晚上，妹妹却如此接近妈妈。他必须抗争把妈妈抢回来。这个男孩身体非常健康，出生时健康正常，妈妈喂了他七个月母奶。首次喝牛奶时他呕吐了，而且这个呕吐现象直到三岁时才停止。所有的可能性告诉我们，他的胃不好。如今他吃得很饱、很有营养，但胃不好的问题依然持续着。他把这当成弱点。现在我们对他朝孕妇扔石头的行为，能有多一点的了解。他非常挑食。如果不喜欢摆在面前的食物，妈妈会给他钱出去买他喜欢吃的东西。然而，拿着钱的他却跑去跟邻居投诉，说父母不给他吃饱。这是他企求完美的一个伎俩。目的总是相同：毁谤别人是他取得优越感的方式。

现在我们来了解他在诊所时跟我们描述的一个梦。“我是一个西部牛仔。”他说，“他们要我去墨西哥，之后我必须单枪匹马回美国。有一个墨西哥人来找我麻烦，我朝他的胃重重踢过去。”这个梦的感觉是：“我的四周尽是敌人。我必须抗争和打斗。”美国牛仔被视为英雄的替身，他以为追逐小女孩和踢别人的胃就是英雄的行为。我们已经知道，胃在他的生命里扮演非常重要的角色——他把胃当成最弱的一点。他自己胃不好，他的爸爸也常抱怨自己的胃有问题。胃成为家庭里最重要的问题。这个男孩的目的在攻击别人最脆弱的部位。

他的梦和他的举动，丝毫不差地显露出相同的生活风格。他活在一个梦里，如果我们不能唤醒他，他会继续以此方法生活下去。他不仅会跟爸爸、妹妹、小孩特别是小女孩作对，还会想跟试图遏止他抗争行为的医生战斗。他的梦会刺激他继续，继续当英雄，征服其他人；除非能够明白，他是如何在愚弄自己，不然再多的治疗也无济于事。

我们跟他解释梦。他感觉自己住在穷乡僻壤，每个想要处罚和牵制他的人都是墨西哥人；他们都是敌人。第二次来诊所时我们问他："自上回我们见面后，有什么事情发生呢？"

"我一直很坏。"他回答说。

"你做了什么？"

"我追打一个小女孩。"

现在这远甚于告白，这是夸耀和攻击的表示。这里是一个人人试着帮助他改善的诊所，但在这里，他却坚称自己一直是坏男生。他是在说："别希望我会改善。若惹火我，我连你们的胃也会踢。"我们要拿他怎么办？他依旧在做梦，仍然玩着扮英雄的游戏。我们必须缩小他由这个角色里所获得的满足感。

我们问他："你相信梦里的英雄，真会追打小女孩吗？那样做不是一种相当差劲的英雄主义吗？如果你要做英雄，应该去追打大块头、强壮的女生。你根本就不应该去追打一个女生。"这是治疗的一面。我们必须扩展他的视野，让他较不那么急欲继续他的生活风格。好比德国谚语说的，我们必须"朝他的汤里吐口水"。如此一来，他就不会喜欢那碗汤。另一面的治疗是鼓励他有勇气去跟别人合作，以一种有益社会的方式去寻找自我的重要性。除非一个人害怕适应不了社会生活，不然他决不会采取反社会行动。

一个二十四岁、独居、担任秘书工作的女孩，抱怨说她受不了老板颐指气使的态度。她也感觉无法跟人交朋友，维持不住友谊。经验让我们相信，一个个体维持不了友谊，是因为她想支配别人，实际上她只对自己有兴趣，她的目的在显示个性上的优越。或许她的老板就属这一类型。他们两个都想支配别人。当两个这种类型的人相遇，他们的关系一定很困难。这个女孩是家里七个小孩的老幺，是家里的宠儿。她有一个昵称叫“汤姆（男人婆）”，因为她总想当男生。这增加我们的怀疑，她想以支配别人来达成她优越的目标；她认为若要有男子气概，她就必须当主宰，控制别人，不受自己控制。

她长得非常漂亮，但她认为，别人喜欢她是因为她有一张美丽的脸蛋，所以很害怕自己的脸蛋变形或受伤。漂亮女生发现在我们的社会里，她们更容易给人深刻印象和控制别人，这个女孩也明白这一点。然而，她想要当男生，以阳刚的方式支配他人。所以她对自己的美貌没特别兴趣。

她最早的记忆是，一个男性吓坏了她，至今她依然害怕自己成为盗匪或袭击者的受害人。对这个想要有男子气概的女生来说，害怕盗贼和袭击者有点奇怪，但其实这没那么奇怪。是脆弱感在指挥她的目标。她想要处于能够统治和征服别人的状况，而且她想排除所有其他的状况。盗匪和袭击者不受她的控制，她想要把他们全部消灭。她希望以容易的方式变得有阳刚味，若她失败，就能减轻伤害，让自己有个依靠。她这股身为女性的深沉的不满足感，即我所谓的“雄性主张”，总是如影随形地伴随着她的紧张感——“我是个抗拒身为女性缺陷的男性。”

让我们来看看，能否从她的梦里找到同样的感觉。她经常梦见自己孤独一人。她是个被宠坏的孩子，梦的意思是说：“我必须随时被照料。丢下我独自一人不安全。其他人可能攻击和征服我。”另外一个常做的梦是掉了钱包。“小心，”她是在说，“你身处在丢掉某样东西的危险里。”她什么都不想失去，尤其不想失去她控制别人的力量。她选择用生活里的一个事件——掉了钱包——来代表她的整个状况。在这里，我们再次看见梦如何创造感觉来强化生活风格。她并未丢掉钱包，但她梦见掉了，接着留下这么个感觉给她。

她另一个较长的梦，协助我们更清楚她的态度。“我去一个游泳池，池里人很多，”她说，“有人发现我站在人群的头上面。好像有人看见我站在他们上头，朝着我大声叫喊，而我就快要掉下来了。”假如我是个雕刻师，我会为她雕刻这幕情景：站在别人的头上，把别人当支撑她的台座。这是她的生活风格，这是她喜欢的感觉。不过，她了解状况很危险，她认为其他人也应该知道她有危险。其他人应该看护她、照顾她，所以她才能继续站在他们的头上！她感觉在池里游泳不安全，而这就是她整个生命的故事。“即使我是女人，我也要当男人”变成她的心理目标。她很有野心，就跟大多数老幺一样，但她想要自己看起来比别人优越，害怕挫败的恐惧不停地笼罩着她。如果要帮助她，我们必须找出方式，让她能接受自己是女性的事实，消除她内心的恐惧，转变她一心想成为男性的思维，并让她待人友善。

一个女孩，弟弟在一场意外事故中身亡，她说出的第一个记忆是：“我的弟弟还很小，正在学走路，他抓住一张椅子想站起来，椅子倒下来撞到他。”这是另一个意外，让我们了解她深深记得这世界充满危险。“我最常做一个梦，”她继续说，“这个梦非常奇怪。我沿着街走，地上有一个洞我没看见。走着，走着，我掉进洞里。洞里面都是水，一摸到水我就醒来，心跳得很厉害。”

我们会发现，这个梦并不像她说的那么奇怪。但如果她继续做这个梦，一再惊醒自己，她一定会认为这个梦很神秘、难以了解。这个梦对她说：“小心啊。有很多危险你不知道。”不过，它告诉我们的意义不仅于此。如果你已经掉下，你就不会再掉下去。如果她有掉下的危险，就必须想象她在其他人的上面。这就跟上一个个案一样，她是在说：“我比较优越，但我必须时刻小心，不要掉下。”

我们将由另一个个案的第一个记忆和梦，试试能否找到相同的生活风格。一个女孩说：“我记得自己兴趣浓厚，看着别人盖房子。”我们可以猜测她有合作性。一个小女孩不可能参与盖房子，但她兴趣浓厚地看别人盖房子，表示她乐意加入这个工作。“当时我还很小，站在一座非常高的窗户前面，窗户玻璃非常清澈透明，到现在我还记忆犹新，好像是昨天发生的事一样。”她注意到窗户很高，当时心里一定做着高矮的对比。她的意思是说：“窗户很大，而我很小。”之后我们若再听到她小化自己，一点也不用惊讶，窗户正是她对比较大小如此有兴趣的原因。至于她提及记得窗户如此干净透明，则是一种炫耀。

现在让我们回来谈她的梦。“我跟几个人坐在一部车里。”跟我们想的一样，她有合作性；她喜欢跟别人在一起。“车子一直开到树林前面才停车。每个人下车，跑进树林里。他们大都比我大。”她再次注意到大小的不同。“我们搭上一部电梯，电梯载我们往下到一条约十英尺深的矿坑里。我们以为如果走出电梯，空气会把我们毒死。”现在她指出有一个危险。大多数人害怕某些危险；人类不是非常勇敢的。不过，她继续说：“我们走出电梯，一切安全得很。”你能够在这里看到乐观。如果一个个体有合作性，他总是勇敢和乐观的。“我们在那里停留了一分钟，然后坐电梯回来，急跑进车子里。”我相信这个女孩一向很合作，但她给我一个印象，她想要高大一点。我们会发现她有点儿紧张，好像踮起脚尖站着一样，但她喜欢与人为伍，有兴趣跟别人分享成就，这些感觉会抵消掉她的紧张感。

第六章
家庭的影响

◎母亲的角色

一个婴儿自出生开始，即寻求与母亲结合。这是他所有行为的目的。有许多个月里，母亲对他扮演着无可替代的角色：他几乎完全依赖她。在此状况下，他的合作能力开始发展。母亲赐予孩子机会，让他第一次跟别人接触，第一次对自己以外的人发生兴趣。她是他往社会生活的第一道桥梁。一个小孩若无法跟母亲或跟某个取代她位置的人做任何结合，他无可避免地会变坏。

这个结合是如此紧密和影响广泛，这表示，稍后我们永远也辨识不出任何特质是否为遗传的结果。每一个可能的遗传性已经被母亲改变、训练、教育和重新塑造。她的技巧或缺乏技巧，影响孩子全部的潜能。我们说的是母亲的技巧，它的意思很简单，指她跟小孩合作，说服小孩跟她合作的能力。这个能力没有一套规则可循。每天都有新状况发生。她必须洞察和了解小孩的需要。只有她对小孩有兴趣，她关心要赢得孩子的爱和保障孩子的幸福的情况下，才能获得这些技巧。

我们能由母亲所有的动作里看出她的态度。在她抱起小孩、背他、跟他说话、帮他洗澡或喂他吃东西的时候，都有机会跟他结合。如果当母亲的技巧不够，或者对这些技巧没有兴趣，她会显得笨拙，小孩会抗拒她。假如她从未学习怎么帮小孩洗澡，小孩会发现洗澡是一项不快乐的事情。与其跟她结合，他反而会试着摆脱她。她放小孩回床睡觉的技巧，从动作到她发出的声音都必须臻熟。不管看护他或留他自己一个人，她都必须有技巧。她必须顾及他的整个环境——新鲜空气、室内温度、食物营养、睡眠时间、生理习惯和清洁。每个场合她都在提供机会，让小孩喜欢或讨厌她，跟她合作或排斥跟她合作。

做母亲的技巧没有什么特别秘方。所有技巧都是兴趣和训练的结果。准备做母亲在生命极早期便已开始。我们可由女孩对较年幼小孩的态度，首先看出端倪。根本不用教导男孩和女孩，他们仿佛明白自己未来的任务。如果我们要有技巧娴熟的母亲，那么，女孩必须被教导如何做母亲，所使用的教育方式要让她们喜欢做一个母亲，把做母亲当成创造性活动，别在稍后必须扮演母亲角色时感到失望。

不幸地，西方文化并未给母亲的角色太高评价。如果我们重男轻女，如果男孩的角色优越过女孩，女孩们自然不喜欢未来当母亲的工作。没人会满足于附从的角色。当这种女孩长大结婚生子后，她们总会以某种方式显露出对小孩的抗拒。她们不愿意或未准备好生育子女；她们不盼望子女的出现；她们也不把做母亲视为创造和有趣的活动。

这可能是我们社会的最大隐忧。整个人类社会认为，女性做母亲是天经地义的事情。女性的生命价值几乎在各处都遭低估，女性被当成附属角色看待。我们发现小男孩在孩童时期，便已把做家事看成是仆役的工作，仿佛动根指头帮忙会有损他们的尊严。众所皆知，女性不认为管理家务是一份事业，而是她们遭降级后去做的单调苦差事。

如果女性真能把管理家务当成一门艺术，对这个工作有兴趣，认同这个工作能够照亮和丰富其他人的生命，她就能视这份工作跟世界里的其他工作一样平等。另一方面，如果男性把它视同一份卑贱的工作，那么，有些女性抗拒她们的工作，对它们嫌弃、反感，并付诸行动证明，这令人惊讶吗？情况应该很明显——她们跟男性一样平等，被赋予权利思考并发展潜能。然而，潜能要透过社会感才能发展尽致，假如她们的发展未受到外在的限制和束缚，社会感将会指引女性正确的方向。

在女性角色遭低估的地方，婚姻生活的和谐亦尽遭摧毁。把照顾小孩当成是次等工作的女性，没有人能够让自己发展出小孩在生命之初所急需的技巧、照顾、了解和体谅。一个不满意自己角色的女性，她一生的目标是提防自己不要跟子女有适当的结合。她的目标跟其他女性不同，她经常专心在证明个人的优越，由这个观点来看，子女只不过是麻烦和混乱。如果我们追踪生命失败的原因，几乎总会发现有一个未善尽职责的母亲：她未给予子女一个有利的开始。如果母亲失败，如果她们不满自己的工作，对她们的工作兴趣不够浓厚，整个人类便陷入险境。

然而，我们不能由于她做不好母亲就认为她有罪。这跟罪责无关。或许做母亲的她未受过合作训练。或许她在婚姻生活里受压抑和不快乐。她可能为自己的情况迷惑和担忧，甚至感觉无力和绝望。有许多因素妨碍良好家庭生活的发展。一个生病的母亲可能想要跟子女合作，但回家后她却筋疲力尽，没有体力做她想做的事情。如果一个家庭经济困难，小孩的食物、衣物和居住环境也可能跟着出问题。而且，小孩没有管理他们行动的经验，他们依据自己的经验行动。当我们探讨一个问题儿童的背景时，我们经常发现他和母亲的关系有困难，但我们由其他发展较成功的小孩身上，亦能够看到类似困难。在这里我们回到个体心理学的基础观点：人格发展没有固定原因，但小孩能够利用经验来达成他的目标，并把它们转变成看待未来或生命的理由。举例而言，我们不能说一个小孩若遭受恶劣的养育，就会犯罪。我们必须了解他由经验里归纳出怎样的结论。

然而，若一个女性不满她做母亲的角色，显然她和子女都会遇到困难和压力。但我们知道母爱的天性有多强烈。调查资料清楚显示，一个母亲保护子女的感觉，较她所有其他的欲望强烈。以动物、老鼠和猴子为例，研究显示它们的母爱本能比它的性需要或饥饿感强烈，因此，如果要由这些选择的话，获选和占优势的一定是母爱的天性。

这个努力的基础不是性。它源自合作这个目标。一个母亲经常把子女视为她的一部分。她整个一生跟子女联结着。她感觉拥有生与死的力量。我们能够由每一个母亲身上发现，在某种程度上她对子女的感觉让她实际创造出某种东西。或许我们几乎可以说，她感觉像上帝那般——由无到有，创造出一个生命体。母性欲望实际上是人类求取优越、人类如神目标的一面。这提供我们一个最清楚的例证，说明根据最深的社会感，这个目标如何能被用来维护人类和其他人的利益。

当然，任何一个母亲都可能过分扩大子女是她一部分的感觉，用子女来达成她个人优越的目标。她可能试着让子女完全仰赖她，控制他们永远离不开她。让我引用一个七十岁无知老妇的个案。五十岁的儿子依然跟她住在一起。他们两个同时染患肺炎。母亲战胜病魔幸存下来，儿子送医院后不治身亡。母亲在听见他的死讯时说："我一直知道，我永远无法把这个儿子养育长大。"她感觉要为子女的一生负责。她从未试着让他充分融入社会，成为社会的一分子。我们能够开始了解，一个母亲未扩展她和子女的联结关系，未引导子女和环境平等合作，是多么大的错误。

一个母亲的关联性并不简单，而且她跟子女间的联结绝不能过度强化。这千真万确地造福子女，也是为她自己好。当有一个问题被过度重视，其他问题就被忽略，即使我们仅需面对一个问题，但如果把它看得过于重要，就不能有效解决。

一个母亲跟她的子女、跟她的丈夫、跟她周遭的整个社会都有关系。她必须平等给予这三个关系注意力：她必须冷静并依一般感觉面对这三者。假如母亲只关心她和子女的关系，她就不能避免骄纵、溺爱孩子。她会使他们难以发展独立与合作的能力。当她成功跟孩子结合后，下一个工作就是要延伸孩子的兴趣，把父亲包括在内。如果她对丈夫没有兴趣，就几乎不可能做好这个工作。她亦必须让孩子对他们的社会环境产生兴趣：对家里的其他小孩、朋友、亲戚和其他人有兴趣。因此，她的工作量加倍。她必须给予孩子人类是值得信任的第一个经验，之后她必须让他们把这份信任和友善的感觉，延伸到整个人类社会。

假如母亲只培养子女对她有兴趣，之后子女会全力抗拒对别人发生兴趣。他会一直想由母亲那里寻求支持，对别人充满敌意，因为他认为别人都跟他抢妈妈。若她对丈夫、家里的其他小孩显露出爱和兴趣，这个小孩就会感觉遭受剥夺和损失，并产生这种想法：“我的妈妈只属于我一个人”。

现代心理学家对这个状况已经了解一大部分。以弗洛伊德学说里的恋母情结为例，它假设男孩有爱恋母亲的倾向，希望能跟妈妈结婚，他们痛恨和想杀害自己的爸爸。如果我们了解小孩的成长过程，这种错误就不会发生。每一个希望获得妈妈全部的注意并排斥其他人的小孩都有恋母情结。这种欲望跟性无关。它的目的是支配母亲，完全控制她，让她变成仆人。这只会发生在被母亲宠坏、对别人完全没同伴感的小孩身上。因此，恋母情结是错误养育方式所制造的人工产物。我们没有理由去假设有遗传的近亲相奸天性存在，我们亦不会想象如此偏差的行为是基于性的需要。

一个母亲若限制小孩只能跟她合作，一旦小孩不再能接近她时，麻烦就层出不穷。以他去上学或到公园跟其他小孩玩耍为例，他的目的总会保持接近妈妈。他会排斥任何跟她分离的机会。为达到目的他会使用许多手段。他可能变成妈妈的宝贝，显得脆弱和情深，恳求同情和关爱。每当有事情跟他做对，他可能哭泣或生病，显示出他多么需要照顾。另一方面，他可能大发脾气，他可能忤逆或惹妈妈生气，以博得妈妈的注意。我们在问题儿童里发现，有数以千计不同类的被宠坏小孩，他们努力获取妈妈的注意，并排拒周围环境对他们的要求。

以为把这些小孩从母亲的身边带走交给护士或专业机构照顾就是补救母亲犯错的最佳方法，这种想法实在荒谬可笑。当我们试着找出母亲的替代品时，等于在寻找某人来扮演母亲的角色——能够像个母亲一样对小孩有兴趣。我们不如训练小孩的母亲来做，反而较容易。在孤儿院长大的小孩经常显示他们对别人缺乏兴趣：因为没人为这些小孩和其他人类同伴建立桥梁。

有时候孤儿院会以成长不良的小孩做实验。有一个护士或修女给这个小孩个别照顾，或者有家庭领养这个小孩，母亲可以照顾他和其他小孩。只要领养小孩的母亲经过精心挑选，结果总显示，这个小孩的成长获得大幅度的改善。养育这种小孩的最佳方式是，帮他们找一个替代的母亲和父亲，让他们过家庭生活。我们可由许多问题儿童都是孤儿、非婚生子女或弃儿以及破碎婚姻家庭的小孩这个事实里，了解一个母亲的爱和兴趣对小孩有多么重要。

继母的角色是出了名的难做，她的丈夫前次婚姻所生的小孩，经常跟她做对。这个问题不是无解，而且我也见过一些继母非常成功。不过，继母经常未透彻了解这些小孩的整个状况。或许他们在失去母亲后转而寻求父亲的注意，变成被父亲宠坏的小孩。如今他们感觉继母抢走父亲对他们的注意力，所以才会攻击继母。

她感觉自己必须反攻，而这些小孩因此有了真正的苦恼。她越是跟他们做对，他们就越是全力作战。跟小孩作战的战争，结果总是失败：无论他打赢或打输，孩子都永远不懂合作。在这些抗争里，人性的弱点总是获胜。他拒绝给予，以此方式他也永远不能获得某些东西。如果我们了解合作和爱永远无法靠抗争赢取，那么这个世界就能省下难以估计的压力和无用的努力。

◎父亲的角色

在家庭生活里，父亲角色的重要性跟母亲不分轩轾。虽然一开始他跟小孩的关系不如母亲亲密，不过之后他对小孩有举足轻重的影响。先前我们已经描述过，一个母亲若无法延伸小孩的兴趣，小孩对社会感的发展会遭受严重阻碍。父母婚姻不快乐的小孩会陷入险境里。他的母亲可能感觉无法将父亲纳入家庭生活，她可能想把小孩完全占为己有。或许父母把小孩当成他俩争战的一颗棋子。他们都想拉拢小孩，让小孩比爱对方还更爱自己一点。

如果小孩明白父母的意见不合，他们会有技巧对父母分别玩游戏。如此一来，可能引起父母彼此间的竞争，比赛谁更能控制这个小孩或纵容他多一点。在这种家庭气氛成长的小孩，是不可能学习合作的。父母间的合作是他对合作的第一个经验，如果父母的合作关系很差，他们不可能教导小孩合作。此外，小孩对婚姻和性伴侣的第一个印象来自父母的婚姻。不快乐婚姻家庭的小孩，除非第一印象获得矫正，不然他们会一直对婚姻抱持悲观看法。即使长大后，他们依然深信婚姻是件不快乐的事。他们会刻意回避异性，或深信自己求爱过程一定遭拒。因此，如果父母的婚姻不是社会合作的一面，他们就制造出心理严重残障的小孩。婚姻是两个人为追求他们的共同孩子和社会福祉的合伙关系。如果其中一个方面失败，就不能满足生命的要求。

婚姻是一种合伙关系，不应该有一方享有较高地位。这一点我们需要多深入思考。整个家庭生活并不需要有人扮演权威。有一方地位特别显著或价值较高，是一件不幸的事情。如果父亲脾气不好，试图支配家中其余成员，儿子会受他影响，对身为男性产生错误的看法。他的女儿受害更深。稍长后她们会把男性想象成专制的暴君。对她们而言，婚姻似乎不过是征服和奴役的关系。有时候她们长大后为寻求跟男性抗争，她们会刻意培养对女性有兴趣的性取向。

如果母亲担任支配角色，不停挑剔家庭成员，状况就完全相反。女儿可能模仿她，言词变得锋利和尖酸刻薄。儿子将处于抵御状态，害怕受批评，防范被征服。有时候专横的人不仅是母亲，姊妹和姑姨都有可能加入战场，驾驭男孩。他变得羞怯，不愿参加社会生活。他害怕全部女性都一样挑剔和吹毛求疵，他希望避开异性。没人喜欢被批评，但如果一个个体把逃避批评作为生命的主要目标，会影响他和社会的整个关系。他对每个事件的看法都相同："是我征服人呢，还是我被人征服？"一个认为跟别人的关系不是失败就是获胜的人，绝不可能有合作精神。

父亲的工作可以用几个字概括如下：他必须证明自己是妻子、小孩和社会的好同伴。他必须妥善处理生命的三大议题：工作、友情和爱——而且他必须跟妻子站在平等的立足点上合作，照顾和保护家人。他不应该忘记女性在家庭生活里的角色永远不容看轻。他的工作不是废除母亲的地位，而是协助她的工作。在他不是家庭主要经济支柱时，他要强调分享，这件事情更尤其重要。他永远都不应该给家人印象，好像施予的角色一直都是他，其他成员只能领受而已。在健全的婚姻里，赚钱养家只不过是家庭分工的结果。许多父亲以经济状况作为支配家人的手段。家庭里不应该有统治者，每个可能创造不平等感的场合都应该避免。

每个父亲都应该要了解，我们的文化过度强调男性的特权地位，结果在结婚后，妻子可能因此在某种程度上害怕被他支配，并处于较劣势的地位。他应该知道，妻子绝不仅因为是个女性地位就较次等。我们暂且撇开妻子支持家庭财务这点不谈，如果家庭生活是一宗真正的合作，便不会发生谁去赚钱、谁该拥有钱的争执。

父亲对他的孩子影响是如此深远，所以有许多孩子把父亲看成一生的榜样或最大的敌人。处罚，特别是体罚，总对小孩有害。任何一种教诲若不具有友谊精神，就是错误的教诲。很不幸，我们经常发现处罚小孩是父亲责任的家庭个案。

首先，在母亲的部分显示出一种论调说，女性实际上无法把小孩养育长大，她们脆弱，需要一双强壮的手臂。假如母亲告诉孩子说："看看爸爸回来后你会怎样！"她等于在教育孩子，男性是最后的权威和生命的真正力量。其次，它妨碍孩子与父亲间的关系，让他们害怕他，反而不能把他当好朋友。或许有些女性害怕如果由她来处罚小孩，会失去孩子对她的爱，但解决办法不是把处罚的工作交给父亲。小孩并不因此少抗拒母亲，因为她帮自己找来父亲这个帮手。许多女性依然用"我要告诉爸爸"的话来胁迫小孩服从。想想看，小孩将对男性的角色归纳出怎样的结论呢?

父亲若以有用的方式来解决生命的三大议题，他将成为家庭里的整合角色，是一个好丈夫和好父亲。他必须能轻松跟人相处，能够结交朋友。如果交有朋友， 他便等于让家庭成为较宽广社会的一部分。他不会自我隔绝和思想保守。外在的影响自有方法进入家庭，而且他将显示小孩对社会有兴趣，也有意愿合作。

然而，如果丈夫和妻子各自结交朋友，这就存在着危险。他们应该生活在同一个社会团体里，并要避免分割友谊。当然这并不表示他们该死守着对方，从不独自外出，我是说他们不应该制造妨碍两个人在一起的障碍。以丈夫不愿意介绍妻子认识他的朋友为例，这就会引起上述的障碍。在此情况下，他的社会生活中心在家庭之外。在小孩的成长过程中，让他们了解家庭是一个较大的单位，家庭以外也有值得他们信任的人，这些都是为人父母者非常重要的任务。

假如父亲跟自己的父母和兄弟姐妹关系良好，这更有助小孩发展合作能力。当然，他必须离开家庭自立，但这并不表示他不喜欢他的亲人，跟他们关系破裂。有时候男女会在依靠父母的情况下结婚，这时他们会夸大家庭的关系。当他们谈到“家”的时候，他们指的是父母的那个家。如果他们继续把父母当成家庭中心，就不能建立真正属于他们的家庭。这里便是大家所关切的合作能力问题。

有时候一个男性的父母会心生忌妒。他们想要知道儿子的全部生活，这经常给新家庭带来困难。他的妻子感觉她未获完全接纳，她气丈夫的父母干涉她的家庭。这个现象在男性违反父母意愿，娶了一个父母不喜欢的妻子时尤其明显。他的父母可能不对，也可能没错。如果他们不满意，他们可以在儿子结婚前反对他的选择，但在他成家后，他们只剩下一项责任——必须竭尽所能，协助儿子婚姻美满成功。丈夫和妻子没必要屈从父母的意愿，但如果他们合作，而且妻子能够感觉公公和婆婆是在为她的幸福设想，不是为维护自己的利益，一切就能容易解决得多。

每个人最期待父亲负责的功能就是解决工作问题。他必须有事业训练，他必须能支持自己和家人。他的妻子可能给他帮助，之后或许子女亦会伸出援手，但在西方文化里，经济责任主要落在男性身上。这个问题若要解决，表示他必须工作和勇敢，他必须了解工作，明白它的优缺点，而且他在工作上必须能够跟别人合作，获得他们的尊重。

意义不仅于此。他面对工作问题的态度为孩子树立榜样。因此，他应该检讨，若他要成功解决这个问题，他需要些什么——做一个有益全体人类并能为人类福祉贡献的工作。他自己认为工作有益与否并不重要，重要的是，这个工作实际上应该是有益的。我们不需要聆听他的话。如果他工作时爱炫耀和以自我为中心，我们为他遗憾；但如果在此同时他的工作对人类福祉有贡献，他就未造成任何大伤害。

现在让我们来探讨解决爱这个问题的方法，就是建立婚姻和快乐、有用的家庭。生命对为人丈夫者的首要要求，是他应该对伴侣有兴趣，而一个人对另一半有兴趣与否，很容易便看得出来。如果对伴侣有兴趣，他也会参与伴侣有兴趣的事情，把维护她的幸福当成自己的目标。能证明他这个兴趣的不光是爱情而已，有许多不同的感情都能作为明证。他也必须是妻子的好同伴，而且必须乐于取悦她。一对伴侣唯有把共同的幸福看得比个人幸福还重要，之间才能产生真正的合作关系。

每一对伴侣对对方的兴趣，必须大于对自己的。

一个丈夫不应该在孩子面前过于公开他对妻子的爱。夫妻之爱的确无法与父母对孩子的爱相比。这两种爱相当不同，是无法互相抗抵的。但如果父母过度公开表达彼此的爱，有时候小孩会感觉他们的地位受到威胁。他们会变得忌妒，希望在父母间作梗。

他们对性伴侣的态度不应该轻率。当父亲给儿子，以及妈妈给女儿解释性的时候，应该小心不要主动提供资讯，只需解释孩子随着成长阶段想要知道的事情即可。我相信在现代社会里，我们提供小孩过多性资讯，而这些资讯远超过他们的了解范围。这会激起小孩尚未准备好的感觉和兴趣。如此一来，性遭平庸化，变成微不足道的小事。这个潮流并不比以往父母在性方面对孩子绝口不提的老传统为好。最好找出孩子希望知道哪些部分，回答孩子好奇的问题，别强迫灌输孩子自以为是的常识。必须保有孩子对我们的信任，让他们感觉我们在跟他合作，有兴趣协助他找出解决问题的方法。我们如果这么做就不会错得离谱。

金钱问题不应该被过度强调，不应该变成夫妻口角的主题。未工作赚钱的妻子对金钱敏感的程度，远超过丈夫能了解的范围。假若丈夫责骂她们挥霍过度，她们会感觉大受伤害。财务问题应该在家庭经济范围之内，以合作的方式来解决。妻子或小孩没有理由要求父亲承担超过能力以外的花费，一开始他们就应该在花费方面取得共识，这样在经济上就没人感觉自己依赖或严重受威胁。

一个父亲不应该认为，光用钱就能保证小孩的未来。我曾经读过一篇美国人写的故事，很有趣，里面描述一个出身贫寒的富翁，希望能保障后代免于穷困。他去请教律师该怎么做。律师问他希望保障几代子孙。富翁说他想要福泽十代。“是的，你可以这样做。”律师说，“但你明白第十代的每一个成员身上的血统来自五百名以上的祖先吗？有其他五百个家庭能说他是他们的后代。他还算是你的后代吗？”

在这里，我们可以看到另一个例证，我们为子孙贡献，就等于对整个社会贡献。我们逃离不了这层我们跟其他人类的伙伴关系。

威权在家庭不是必要的，但一个家庭必须要有真正的合作。父母必须在小孩教育上通力合作。最重要的是，父母不应该特别偏爱某个小孩。父母宠爱某一小孩的危险绝不容小觑。每个不愉快和挫败的童年，几乎都是因为小孩感觉自己较不受父母宠爱而起。有时候我们根本看不出小孩有这种感觉，不过这种现象绝不应该在家庭里发生。父母若重男轻女，女儿几乎无可避免地会产生自卑情结。小孩是非常敏感的，即使是非常好的小孩，当他开始猜疑自己较不受父母疼爱时，整个生命方向就可能出现严重偏差。

有时候某个小孩较懂事，或者较其他小孩可爱，所以父母很难不钟爱这个小孩。父母应该具备足够的经验和技巧避免显出偏爱。不然成长较佳的小孩，会变成家里其他小孩的阴影；他们会忌妒，怀疑自己的能力，阻碍发展合作的能力。父母光用嘴说没有偏心还不足够，他们必须随时注意家里小孩有否觉得父母偏心的心态。

◎注意与冷落

小孩很快就能成为找到方法惹父母注意的专家。以被宠坏的小孩为例，他们经常害怕独自被留在黑暗里。他们害怕的不是黑暗本身。他们用恐惧来让妈妈更接近他们。有一个被宠坏的小孩经常在黑暗里哭喊。有一晚，妈妈听见他的哭喊到他的卧房里，她问：“你为什么害怕？”“因为房间好黑。”他说。但现在妈妈已经看出他的行为目的。“我进来以后，”她说，“房间比较不黑吗？”黑暗本身并不重要，怕黑只表示他不喜欢跟妈妈分开。他所有的情绪、力量和精神，都专心在促使妈妈必须回到他身边。他会努力哭泣、叫喊、睡不着或惹麻烦来让妈妈过来。

害怕是一种吸引教育学家和心理学家注意的感觉。在个体心理学里，我们不再关切害怕的成因是什么，反而致力于找出它有什么目的。所有被宠坏的小孩都害怕，害怕是他们引人注意的方式，而且他们把这股情绪建入生活风格。它是达成接近妈妈这个目标的手段。一个胆怯的小孩就是一个曾经遭宠坏，并还想再度被溺爱的小孩。

有时候，这些被宠坏的小孩睡觉时会做噩梦和哭喊。这是一个广为人知的征兆。但只要我们认为睡梦是清醒的相反，就不能了解这个征兆的意义。这是个误解，睡梦不是清醒的相反，而是相同事情的不同面向。在梦里，一个小孩的行为跟他白天的举动类似。他想改变状况，让状况朝对他有利的目标影响身心，有了一些训练和经验后，他找到最能成功达成目标的方式。即使在睡梦里，适合他目标的思想、影像和记忆进入心灵。一个被宠坏的小孩在有过几次经验后，发现了做噩梦能诱引妈妈再来接近的方法。即使在他们长大后，被宠坏的小孩仍做着焦虑的梦。在梦里害怕，是他们为了获得注意的有效装置，并化为一种习惯。

这种使用焦虑感的现象是如此明显和普遍，如果被宠坏的小孩晚上从不做噩梦，我们可真会大吃一惊呢。他们在晚上引人注意的演出戏目有很多种。有些抱怨床单不舒服，有些喊着要喝水，其他有些害怕小偷或强盗，有些小孩非得父母坐在床边才能睡着，还有些小孩做梦、掉下床或尿床。有一个我治疗的被宠坏的小孩，晚上睡觉时一点也不会惹麻烦。他的妈妈说她睡得很沉，不会做梦或惊醒，一点也不惹麻烦。她只在白天才会惹麻烦。这出乎我的意料。我告诉妈妈，所有可能被小孩用来吸引妈妈的伎俩，这个女孩一个也没用。最后我找到解释。“她睡在哪？”我问这个妈妈。“跟我一起睡。”她回答说。

生病经常是被宠坏小孩的慰藉，因为当生病时，他们就能获得更多的注意和关爱。

这样一个小孩，经常在病后开始显现问题儿童的征兆。一开始显然是生病让他变成问题儿童的。然而，事实是，他在病好后，记得生病期间妈妈对他表现出的烦躁。其实妈妈早已把他宠得不能再宠，于是他开始变成问题儿童作为报复。有时候，小孩注意到别的小孩如何由于生病而成为妈妈的注意中心，他希望自己也生病，或者他会亲吻生病的小孩，希望对方把疾病传给自己。

有一个女孩住院已经四年，医院里的医生和护士已经把她宠坏。一开始，她出院回家后父母也一样宠她，但几星期之后，他们对她的注意逐渐减少。要是父母拒绝她的要求，她就会把指头放进嘴里说："我生病住过医院啊。"她不停提醒别人她生过病，并且试图重塑这个对她有利的状况。我们亦可以在成人身上找到类似行为，这些人喜欢诉说他们的疾病或做过的手术。另一方面，一个曾经惹父母头痛的小孩，经常在病后变成乖宝宝，不再惹父母的麻烦。我们了解生理缺陷对小孩是一项额外的负担，但我们亦发现它可能导致小孩个性的偏差。因此，我们认为生理问题治愈与否，无关小孩个性的改变。

一个男孩，是家里的老二，他惹了一大堆麻烦，包括撒谎、偷窃、逃学、残酷无情和不听话等等。老师不知道该怎么处理这个学生，极力主张该送他去感化院。这时男孩生了病。他的臀骨结节，开刀后裹上石膏足足躺了六个月。复原后他变成家里最乖的小孩。我们无法相信是这场病改变了他，不久之后清楚显示，他会改变是因为明白自己以前错了。以前他一直以为父母比较疼爱哥哥，一直感觉自己遭排斥。在他生病期间，他发现自己变成注意的中心，每个人都来照顾和帮助他，他够聪明，能把过去错误的想法纠正过来。

◎兄弟姊妹间的平等

现在我们来到家庭合作的重要部分——小孩之间的合作。除非小孩感觉他们平等，不然人类的社会感永远缺乏稳固基础。

除非女孩和男孩感觉彼此平等，不然两性关系继续问题不断。许多人问："为何同一家小孩，差别如此之大？"有些科学家企图以基因组成不同做解释，但我们认为这是不正确的。让我们拿小孩的成长跟小树做比较。一丛种在同一个地方的小树，每一棵的生长情况的确明显不同。如果有一棵长得比较快，那是因为它获得较多的阳光和较肥沃的土壤，它的成长对其他的树影响越来越大。它遮住它们；它的根延伸出去，吸走营养。其他树因而长得矮小。家庭若有一个过度显眼的成员，道理亦同。

我们已经了解在一个家庭里，不论父亲或母亲都不应该有较突出的地位。假如父亲非常成功或多才多艺，小孩经常感觉成就永远比不上父亲。他们长大成为气馁的一群，他们对生命的兴趣减少。这也是名人子女有时候让他们的父母和社会失望的原因。这些小孩感觉他们永远不可能达成跟父母亲相同的成就。因此，假如父母事业非常成功，他们永远都不该让这份成功影响家庭太多，不然小孩的成长将会受到阻碍。

这层道理对小孩亦同。假如一个小孩发展特别良好，多半会收到最多的注意和疼爱。他喜欢这个情况，但其他小孩则不然，他们会感觉愤慨。一个跟他人相比后感觉自尊较低的人，不可能全无怨言或一味忍受。家里若有一个小孩地位较显著，可能对其他的小孩造成伤害，若说其他的小孩长大后缺乏斗志，这种说法一点也不过分。他们不停寻求自我的优越，这个努力永远不会停息。不过，他们优越的目标方向会改变，可能变得不实际或对社会较无用处。

◎家庭星座

个体心理学开启极大范围的研究工作，我们访问在家里排行不同的小孩，针对他们所处状况的优缺点进行调研。为了以最简单的形式来思考这个议题，让我们假设父母都能充分合作，并尽力养育小孩。在家庭里，每一个小孩的排行依然对小孩本身产生极大影响，每个小孩也因此在完全不同的情况下成长。我们必须重申，一个家庭里的两个小孩，他们个别的情况永远不会相同，每一个小孩的生活风格，将反映出他如何适应本身的个别状况。

老大

每一个排行老大的小孩，都经历过他是家中唯一小孩的阶段，之后突然间他必须适应家里另有新小孩的新状况。家里的第一个小孩一般都获得相当多的注意和宠爱。他习惯成为家庭的中心。他会发现自己的地位突然间被别人取代。有另一个小孩出生，他不再是家里唯一的小孩。现在他必须跟对手分享父母的注意力。如此的改变常导致巨大影响，进而造成许多问题儿童、神经症者、罪犯、酒鬼和性变态。他们是家里最大的孩子，另一个小孩的出生对他们造成巨大冲击，从此以后，被剥夺感注入他们的生活风格里。

新来的小孩（老二），稍后也可能失去地位（有第三个小孩出生），不过他们的感觉或许不像老大那么强烈。他们已经有跟另一个小孩合作的经验，他们从未是唯一获得照料和注意的个体。对老大而言，有新小孩出生完全改变他的处境。如果他心怀忌妒，我们不能怪他。当然，如果父母让他感觉他们对他的爱不会减少，如果他知道他的地位很安全，最重要的是，如果有做好心理准备等待新小孩的到来，以及接受过帮忙照顾新小孩的合作训练，危机终会安然解除。不过总体上他尚未准备好。新小孩的确取走他原有的注意、爱和赞美。有时候，我们会看见妈妈被两个小孩东扯西拉，每一个小孩都想拥有她多一点。

老大力量比较大，比较能想出新伎俩。我们能够想象，他在这些状况下将怎么做。如果我们跟他的目标完全相同，我们想做的事就跟他会做的一样。我们会试着让母亲担心，跟她对抗，让她不得不注意我们。他也一样。最后，他耗掉母亲对他的每一分耐性。他竭尽所能，打一场必输的仗。妈妈厌倦了他不断惹的麻烦，如今，他开始知道不再被爱是怎么样的感觉。他抗争，为了取得妈妈的爱，但结果却失去这个爱。他觉得他是被逼的，但其实一切是他自找的。他感觉自己的想法获得证实。“我就知道会这样。”他说。妈妈不对，他没错。他仿佛在陷阱里：他越是挣扎，情况越是糟糕。他以前的看法获得确认。在所有的本能告诉他没错的情况下，他如何放弃抗争呢?

对于这类抗争的个案，我们必须探讨个体的个别状况。如果母亲对抗，小孩会变得脾气暴躁、不听话、爱挑剔和不服从。当他跟母亲对立时，父亲经常提供他恢复原先有利状况的机会。他转而较亲近父亲，试图赢得他的注意和爱。排行老大的小孩，经常较喜欢接近父亲。我们可以肯定，一个小孩若比较喜欢父亲是一种引申： 一开始他依恋母亲，后来她不再爱他，所以他借由亲近父亲来谴责她。只要一个小孩比较喜欢父亲，我们便知道他之前有过挫折；他感觉被拒和被冷落；他忘不了这个感觉，于是他的生活风格便依这股被排斥感建立。

这类抗争持续很长时间，有时候甚至终其一生。小孩训练自己抗争和坚持，继续反抗各种状况。或许没人让他有兴趣，所以他失去希望，想象他无法赢得任何人的爱。他变得易怒、爱闹别扭、羞怯和不能与人为伍。这个小孩训练孤立自己，一举一动都是为了回到从前他是众人注意中心的美好时光里。

由于这个原因，一般排行老大的小孩都眷恋从前。他们喜欢回想过去和细诉从前。他们怀念过去，对未来悲观。有时候一个失去过力量，丧失过小小王国的小孩，比其他小孩更明白力量和权威的重要。长大后他喜欢争权，把规矩和法则看得过于重要。每件事情应该照规矩来做，规矩绝不容改变。权力应该留在少数几个应得的人手里。我们能了解这类童年经验，可能让一个小孩长大后变成保守分子。如果这个人为自己建立良好地位，他常常怀疑有人会偷偷来抢夺他的地位。

排行老大的小孩状况特殊，但这个状况可以转为有利。假如第一个小孩在新小孩出生前已接受良好的合作训练，他就不会感觉受伤害。在这些排行老大的小孩里，我们发现，他们里有些希望能保护和协助别人。他们模仿自己的父亲或母亲；跟较年幼小孩在一起时，经常扮演爸爸或妈妈的角色，照顾他们、教导他们，觉得要为他们的幸福负责。有时候他们因此发展出绝佳的组织能力。这些个案最让人欣慰，虽然还是有许多个案为保有依赖和支配别人的欲望，对新小孩过分排斥。

根据我个人在欧美两地的经验，我发现绝大多数的问题儿童都是排行老大，下面有一个年龄相近的弟妹。这个现象很有趣，不过目前我们尚未发现有任何教育方法能够成功为老大解决困难。

老二

排行老二的小孩处于不同的形势，完全不能跟其他排行的小孩相比。自出生开始，他就和另一个小孩分享父母的注意，所以他比老大更能合作。围绕他的人类圈子比较大，只要排行老大的小孩不跟他为敌，也不排挤他，他就在非常良好的位置上。然而，他所处的位置存在着最重要的事实，他整个童年都有一个前导（哥哥或姐姐）。在年龄和发展上总有一个小孩在他前面，不停刺激他赶上。典型排行老二的小孩很容易辨认：总像在参加一场比赛，好像有人超前他一两步，他必须加快速度超越。他无时无刻不在全力冲刺。他不停训练自己超越哥哥或姐姐。

圣经里面有许多绝妙的心理学洞察，约伯这一篇故事详细描绘出排行老二的典型。他想要争第一，取代哥哥伊绍的位置，打败伊绍并凌驾他。排行第二的小孩为落后于人的感觉生气，总努力想要取而代之。他经常获胜。老二经常比较聪明，比老大成功。在这里我们不能说这跟遗传有关。如果他的发展超前老大，那是他努力争取的结果。即使他长大离开家庭圈，也经常找一个对象比赛；他会拿一个较自己有优势的人做比较，然后试图抢先。

这些特性不只在清醒的生活里出现，也很容易在梦里找到。排行老大的小孩经常梦见自己坠下。他们人在顶端，但不确定能否维持住自己的优越。另一方面，排行老二的小孩经常梦见自己在赛跑。在梦里他们可能在追赶火车或骑脚踏车比赛。有时候这些忙碌、充满速度感的梦非常明显，因此我们能够轻易判断，做这些梦的人在家排行老二。

然而，我们必须说，这一切没有严格的规则可循。即使排行不是老大的小孩，也可能表现出类似老大小孩的特性。依出生顺序来判断不一定准确，实际情况才算数。在一个大家庭里，有时候后面出生的小孩，情况可能跟第一个小孩差不多。或许是前两个小孩年龄相近，隔了许久第三个小孩诞生，然后后面陆续有两个小孩出生。这第三个小孩可能显露出跟老大一模一样的特征。第二个小孩也一样。“第二个小孩”的典型，可能在其他四或五个小孩出生后出现。当老大和老二年龄相近，年纪比家里其他小孩大很多时，他们排行老大和老二的特征就会显现出来。

有时候老大在比赛里被老二打败，这时老大的发展就会出现问题。有时候他能保有自己的地位，把老二丢在后头，那么惹麻烦的小孩会是老二。当一个男孩排行老大，老二是个妹妹时，他的情况就变得非常艰难。他有被女生打败的危险，而在我们的社会里，他可能认为这是件很丢脸的事情。一个男生对一个女生的竞争，较两个男生和两个女生的对抗还激烈、紧张。

在这场比赛里，女生占有先天优势；女生在十六岁前生理和精神发展都比男生快。经常发生的情况是，较年长的男孩放弃比赛，人变得懒散和沮丧。他为寻求优越感使用不正当的手段，比如吹牛或撒谎。我们几乎可以保证，在这种情况下女孩一定会获胜。我们会看见这个男孩采取各种错误的步骤，而女孩则轻易解决问题，并且取得惊人进展。这类困难能够避免，但必须事先辨识出这个危险，采取防范措施防止伤害形成。只要家庭里人人平等，成员充分合作，小孩就没必要竞争，不会有小孩感觉地位受威胁，需要抗争，这样就能避免不好的后果。

老幺

一个家庭其他排行的小孩都有弟弟或妹妹，他们的地位可能遭取代，除了老幺以外。老幺的地位永不可能遭取代。他没有弟妹，但有许多前导（哥哥或姐姐）。他总是家里的宝贝，可能也是最受宠爱的小孩。他面对所有被宠坏小孩的问题，但因为他受许多的刺激，因为他有许多的竞争，排行老幺的小孩通常发展特别良好，进展比其他小孩为快，并且远远超前。由古到今家庭里年纪最小的小孩，地位未曾改变。我们可以在最古老的传说里，找到最年幼的小孩如何凌驾哥哥和姐姐的故事。

圣经里总是老幺获胜。乔塞夫被当成家里最年幼的小孩养育。虽然十七年后班哲明这个弟弟出生了，但他并未影响乔塞夫的发展。乔塞夫的生活风格正是老幺小孩的典型。他总是显得优越，即使在梦里也一样。其他人在他面前必须俯首屈服，他使得他们全部相形见绌。他的兄弟非常了解他的梦。对他们而言这一点也不难，因为只要跟乔塞夫在一起，他的态度已经足够清楚说明。他们也经历过乔塞夫在梦里所激起的感觉。他们很怕他，想摆脱掉他。然而，乔塞夫这个最后的小孩却争得第一。后来他成为整个家庭的支柱。

最年幼的小孩经常成为整个家庭的支柱，这绝不令人意外。这种现象广为人知，我们还有许多有关老幺有权力和力量的故事。其实，他处在一个有利的情况里：有父母和兄姊的协助，许多东西刺激出他的野心和努力，没有弟妹攻击或分散他的注意力。

然而，如同我们了解的，老幺占问题儿童的第二位。原因是他们遭整个家庭宠坏。一个被宠坏的小孩永远不能独立。他缺乏勇气靠自我努力取得成功。老幺总是很有野心，但大部分有野心的小孩都很懒惰。懒惰是野心结合挫败的征兆：野心过于强烈，个体会感觉他没有希望实现野心。有时候老幺绝不承认自己有任何野心，这是因为他想事事求胜，他希望自己不受限制和独一无二。然而，周围的每一个人都比他年长、强壮和有经验，这清楚显示排行老幺的小孩可能深受自卑感所苦。

独生子女

独生子女有他特别的问题。他有一个对手，但他的对手不是兄弟姊妹。对手是自己的父亲。一个母亲会溺爱独生子女。她害怕失去孩子，想要把他放在羽翼下严密保护。他发展出一种所谓的“母亲情结”；他被绑在妈妈的围裙带边，希望把爸爸逐出家外。这个情况只有父母合作，让小孩对他们两人都有兴趣才能避免。但大多数情形是，父亲对小孩的工作没母亲多。老大的情况偶尔跟独生子女类似：他们想超过父亲，而且乐于跟较年长的人为伍。

独生子女极度害怕弟弟或妹妹出生。家里的友人说，“你应该要有个弟弟或妹妹。”但他非常排斥这个主意。他想保有自己是父母注意中心的地位。实际上他感觉这是他的权利，假如地位改变，他会感觉极度难受。之后当不再是注意中心时，他会出现许多困难。如果在一个父母胆怯的环境下长大，也可能让他的发展陷入险境。假如他的父母是因为生理问题，无法生下更多小孩，这个小孩一定会出现问题，需要我们协助。我们经常发现，有独生子女的父母可以生育更多小孩的个案。父母往往羞怯和悲观，因为他们感觉经济能力只够养一个小孩。整个家庭充满焦虑气氛，小孩因而受到严重伤害。

如果家庭每个孩子年龄相差很大，他们都会出现一些独生子女的特征。这种情况不是非常有利。我经常被问道：“你认为小孩的年龄差几岁最理想？”“小孩的年龄间隔应该短一点儿还是长一点儿呢？”根据我的经验，我应该说最好相差三岁。小孩到了三岁，若有弟妹出生已能够合作。他已经够大，能了解家里不仅只有他一个小孩。如果他只有一岁半或两岁，我们根本无法跟他讨论，他根本听不懂。因此，即使我们再怎么努力，他都无法准备好迎接新弟妹的到来。

家里虽有其他女孩，但身为仅有的儿子的男孩前路艰辛。如果父亲白天大部分时间不在家，他就完全身处在女性环境里。他只见到妈妈、姊妹，或许还有家里的女佣。他感觉到自己的不同，在隔绝的环境下成长，这尤其会在女生团结起来对抗他的情况下发生。她们认为必须干预他的成长，或者她们想要证明他没有理由自我欺骗。整个家庭弥漫敌对和竞争的气氛。如果他排行中间，他可能处于最恶劣的处境——同时受到两个阵营的攻讦。假如他是老大，他下面一个妹妹是他的强劲对手。如果他是老幺，他会被大家宠坏。

这种男孩情势不讨好，但如果他们社交生活活跃，能够有其他小孩玩伴，问题就能获得解决。不然完全被女性围绕的人，行为可能变得娘娘腔。女性环境不同于两性混合的环境。如果这个家不仅标准，而是根据成员的品位装潢和摆设的话，你可以确定，女性住的家一定会整齐和干净，装潢颜色经过精心挑选，各种保养功夫到家。如果这个家有个男人和几个男孩，它几乎干净不了，一定会出现脏乱、嘈杂和破损的家具。一个单独在女性环境长大的男孩，品位和举止易倾向女性化。

另一方面，他可能强烈反抗这个气氛，过度展现他的男子气概。他总处于反抗状态，坚决不受女性支配。他会感觉必须主张个体性和优越性，但某些压力和紧张无时不在。他的发展会趋于极端：若不是变得非常强悍，就是变得异常脆弱。类似道理，一个在男孩群中长大的女孩，要不是极度女性化，就是非常男性化。她在一生里经常会产生不安全感和无助感。这个状况值得我们研究和探讨。我们不是每天都会遇到这种个案，碍于手上的资讯不足，我们必须研讨更多个案。

每次我研究成人个案时，我发现他们在童年期留下的印象永不消退。小孩在家庭的排行，给个体的生活风格烙下永不磨灭的印记。小孩发展的每一个困难，因家庭缺乏合作或充满竞争而起。如果环顾我们的社会生活，或者其实是整个世界，自问为何里面充满敌对和竞争，那么我们必须认清，目标为追求获胜、征服别人和凌驾别人的人比比皆是。这个目标是早期童年的经验，是小孩在家庭里感觉不到平等，必须努力敌对和竞争的结果。唯有训练小孩合作，才能排除这些困难。

第七章
学校的影响

◎教育面貌的变迁

学校是家庭的延伸。如果所有父母能够担任教育小孩的工作，授予他们适当能力解决人生的问题，那么就没有学校的必要。以往小孩经常在家接受教育和训练。一个工匠以工艺把儿子抚养长大，并把他由父亲那里和实际经验学习得来的技艺，传授给儿子。不过，现今文化对我们的要求更趋复杂，需要学校减轻父母的工作量。由于社会的整合，年轻人需要接受家庭教育以外更高层次的教育。

在欧洲的教育历史里，一开始只有王公贵族接受正式教育。他们是当时社会唯一的成员，独享权高位重的尊贵地位。其他阶层只能期待做好自己的工作，阶级不可能获得晋级。后来，由于社会扩大，其他阶层开始有自己的价值。宗教团体接管教育工作，极少数获选平民能够获得神学、艺术、科学或专职训练等教育。

随着技术发展，老式教育变得不合时宜。以往乡镇里的男教员，经常由当地的补鞋匠和裁缝师权且当任。他们知识有限，因此不难想象教育效果多恶劣。只有教会学校和大学教授艺术和科学，有时候甚至连为人帝王者亦不识字。然而，由于工业革命，工人懂得写字和阅读，做算数和画图变得必要，就我们所知，学校的雏形于是形成。

不过，这些学校总依据政府的需要建立，而当时的政府需要低层平民接受服从教育，为上层阶级创造利益，以及成为军人上场杀敌的训练，于是学校奠立出教育课程。我个人还能记得，有一次到奥地利访问时，看到这部分传统依然延续至今，较低层阶级所接受的训练，是设计来让他们服从和符合所属阶层的工作。不过，这类模式的教育逐渐被淘汰。自由绽放异彩：工作阶级要求受教育的声音越发强烈，学校的雏形顺应了这些要求，如今我们已抵达理想的教育境界，孩子被教导要自行思考，应该熟习文学和科学，以及长大后应该分享整个人类文化，并做个有用的人，为文化贡献。我们不再希望只教导小孩掌握谋生技能，或如何在工厂工作。我们要为人类共同福祉一起合作。

◎老师的角色

无论我们知道与否，每一个倡导学校教育改革的人，都是在寻求能够提升小孩在社会生活里合作的方式。这个诉求背后的目的是人格训练，假如我们朝此方向了解，这项诉求的正当性就变得明显。然而，总体来说，教育的目的和技术尚未被了解透彻。我们必须不只训练小孩谋生技能，还要协助小孩建立出造福人类的理想。老师必须意识到这项工作的重要性，并且受有良好训练，以满足这项工作的需要。

人格训练的重要性

人格训练的实施效果仍在测试阶段。法制并不足信，因为它的立意不在对人格训练进行认真和有组织的矫正。然而，学校的效果也不令人满意。在家里行为已出现偏差的小孩来到学校，无论师长怎么说教和训诫，他们依然犯下相同的错误。因此，我们唯一能做的就是改善师资训练，让为人师表者了解身负协助小孩人格发展的重任。

我为学校进行了不少工作，我相信维也纳有许多学校走在世界教育潮流的前列，堪为其他学校借鉴。一般学校有精神病专家辅导小孩，给小孩教养提供建议，但如果老师不赞同他们的意见，或者不懂得如何配合，他们又有何用处呢？精神病学家一周只接见小孩一或两次，甚至或许一周一次，他并不实际了解环境、家庭，以及家庭以外和学校对小孩有何影响。他写下一张便条说，小孩应该受较好的教养，或者应该做甲状腺治疗。或许他暗示老师该给小孩特别管教。然而，老师不明白精神病专家为何要给小孩做特别管教。精神病专家和老师需要紧密合作。老师必须了解精神病专家的整个想法，在讨论小孩的问题后，他才能够不需额外协助就能进行工作。如果有意外发生，他应该了解要怎么处理，就跟精神专家会告诉他的处理方法一样。最实际的措施莫过于像我们在维也纳的学校一样，成立心理咨询部门。我将在本章最后详述这项措施。

当小孩初上学时，他便面对社会生活的新考验，一项足以显露他在发展上有何缺陷的考验。如今，他必须在一个比以前更广大的社会跟人合作。假如他在家里被宠坏，他可能不愿意离开受保护的生活，与其他小孩相处。因此，我们能够由他第一天上学的表现，看出一个被宠坏小孩社会感不足的局限。他可能哭喊着要回家。他会对学校功课或老师根本不感兴趣。他不会听取师长的教诲，因为他只一心想着自己。如果他继续下去，我们很容易看到他在学校缺乏良好进展。我们常听见问题儿童的父母说，他们的孩子在家里很乖巧，在学校才惹麻烦。不过，我们可以猜测，这个小孩感觉在家里情况才能对他有利。家里没有考试，他发展上的错误也不明显。然而，在学校他不再受宠，学校让他心里觉得有挫败感。

有一个小孩，他从第一天上学开始除了嘲笑老师说的每一件事情外，什么都不做。他对学校功课全无兴趣，老师心想他一定是智障。跟他见面时我问他："每个人都在纳闷，你在学校里为何嘲笑个不停？”

他回答说：“学校只是父母制造的笑话。他们把小孩送来学校受愚弄。”

他在家里时常遭受嘲弄，这让他深信，每一个新状况都不过是针对他的笑话。我跟他解释，他过度保护自尊，不是每个人都想要愚弄他。结果，他开始对学校功课有了兴趣，并取得良好进步。

师生关系

老师的工作是察觉出小孩的困难，并改正父母的错误。他们会发现，有些学生接受这个较广大的社会生活，这些小孩在家里已经获得对别人有兴趣的训练。有些小孩尚未准备好，当一个个体未准备好面对问题时，他会迟疑或逃避，每一个进步都很缓慢。但实际上不是智障的小孩都在跟调适社会生活作战，这时老师是协助他满足新状况的最佳人选。

但老师如何帮助他呢？他必须做母亲应该做的工作，跟小孩结合，取得他的注意。小孩的整个未来取决于他首先获得的兴趣。严酷的管教或处罚是做不好这个工作的。假如小孩来到学校，发现难以跟老师和同学相处，这时批评和责骂是最不恰当的做法。这个做法只会确认他不喜欢学校的想法没错。换成我若常在学校遭斥责的话，我对老师也会越来越没兴趣。我会找方法逃离这个状况，甚至不去上学。

在校成绩差劲、显得愚笨或难以管教的小孩，大部分都感觉学校是一个专制的不愉快环境。其实他们不笨，他们经常找得到好借口不上学，或者假造父母给老师的信件，这显示他们其实非常聪明。他们在校外结识其他旷课和游荡的小孩。他们由这些伙伴获得更多的赞美和激赏。他们觉得更能跟这个圈子结合，他们感觉有价值的学习经验不是来自学校，而是来自小团体。在此情况下，我们可以了解表现不受学校接纳、在学校感觉不到平等的小孩如何逐渐开始犯罪的生涯。

◎诱激小孩学习的兴趣

如果老师的责任是在吸引小孩的兴趣，他必须找出小孩之前有何兴趣，让小孩相信他能在这些兴趣上取得成功。当小孩对一个兴趣或科目感觉有自信时，诱激他对其他科目产生兴趣就容易得多。因此，一开始我们应该找出小孩对世界有何看法，他哪一个感官最常使用和受到最高度的训练。有些小孩对观看最有兴趣，有些则较喜欢聆听或动作。视觉型小孩比较容易对使用眼睛的课程有兴趣，比如地理课或画图课。如果老师演说，他们不会有兴趣听，他们较不习惯于听觉性的注意。如果这种小孩没有机会透过眼睛学习，他们就会进步缓慢。他们可能被误认为缺乏能力或天赋，并归咎于这是他们先天的遗传。

如果真有人要为教育失败负责，这些人就是未找到正确方式引出小孩兴趣的老师和父母。我并不建议教育应该提早激励小孩在某项专业上发展，但小孩已发展出来的兴趣，应该被用来诱激他们对其他方面的兴趣。如今，有些学校给予小孩发展各种感官教育。比如雕塑和画图与传统教学结合。我们该更进一步倡导和发展这个潮流。最佳的教育方式是生活化教学，如此一来小孩就能够了解课程的目的，以及所学习知识的实际价值。我们经常应该教导小孩吸收知识或教导他们自行思考问题。对我而言，我不认为我们该由这两者择其一，这两种方法能够结合。举例而言，用盖房子来教小孩数学，让他们自行计算盖这间房子需要多少木材，这栋房子可容纳多少人住等问题，教学效果会更显著。

有些科目很容易合并教学，许多老师懂得把生活各个层面串联在一起。举例而言，老师可以一边带小孩外出散步，一边找出他们最有兴趣的地方。与此同时，他可以教导小孩认识植物名称，它们的构造，生长情形和用途，还有气候对它们的影响、地形的特色、人类的农业历史等等，其实他能传授小孩任何生活层面的知识。当然，我们必须预设这个老师喜欢他的学生，如果他对这群小孩缺乏兴趣，我们就不能期待他会给小孩任何教育。

◎课堂内的合作与竞争

在当前体制下，我们发现小孩从第一天上学开始，竞争的能力便胜过合作，而且他们在学校里持续受到比赛的训练。对小孩而言这是一场灾难，无论他打败别的小孩获胜，或被别的小孩打败，对他而言都是灾难。不管胜负，他都只会先对自己有兴趣。他最原始的目标将不会是贡献和协助，而是先保障他能够获得。家庭是一个合作的单位，每个成员平等，在学校课堂也应该如此。若小孩以此方式受训练，他们会真正对其他小孩有兴趣，并且乐于合作。

我看过许多“问题”小孩，对同学产生兴趣和跟同学合作后，态度完全改变。在此我顺道提一个小孩的个案。他来自一个他以为家人都跟他做对的家庭，他以为学校里的每个人也一样敌视他。他在学校的成绩一直很差，父母得知这个消息后把他处罚一顿。这种情形太常发生了：一个学习成绩不佳的小孩在学校遭责骂；回家后交出成绩单又遭父母处罚。这个经验已足够让他气馁，双重惩罚太残酷无情。难怪小孩进步迟钝，在课堂上调皮捣蛋。最后他发现有一个老师了解他的状况，老师跟其他同学解释，这个男孩为何会把每一个人当敌人的原因。他要其他小孩帮助他，让他相信他们是他的朋友，之后这个男孩在成绩和行为上的进步，好得令人难以置信。

有些人怀疑，是否真能训练小孩相互了解与合作，根据我的经验，小孩比大人更了解这些事情。曾经有一个妈妈带着她两岁的女儿和三岁的儿子到办公室找我。小女孩爬到桌子上头，妈妈吓懵了。她一动也不动，嘴里喊着：“下来！ 下来！”小女孩根本不理会。三岁的哥哥说：“你就留在那里吧！”小女孩立即爬下来，毫发无伤。这个小男孩比妈妈更了解妹妹，他知道怎么做最好。

有关协助小孩在课堂内发展和谐与合作的能力，我们最常听到的一个建议是，让小孩学习自治，但这种事情我们必须小心在老师的指导下进行，而且要确定小孩已经妥当准备好。否则将发现小孩对自治的态度不认真：他们把它当成游戏。结果他们比老师还严厉，或者他们利用开会来取得个人利益、传送怨言、打倒对方，或者达成优越的地位。因此，一开始老师的监督和建议非常重要。

◎评估小孩的发展

如果我们要了解小孩在智力发展以及人格和社会行为的标准，就要给小孩做测验。其实有时候如智力测验等的测验，能够解救一个小孩。以一个学业成绩糟糕透顶的男孩为例，老师想要把他留级，给他做智力测验，结果显示他的智力实际上足够跳级。然而，我们必须明白，我们永远预测不了一个小孩的未来发展。智商只应该用来辅助找出小孩的困难，并让我们找出方式帮小孩克服困难。根据我的经验，只要小孩的智商未显出弱智或智障，只要我们找到正确方式，小孩的学业成绩都能改善。我发现小孩若经常玩智力测验，就能逐渐熟悉它的游戏规则，懂得如何正确解答，他们的智商亦随着提高。最重要的是，智商不该被当成某种限制，被当成是命运注定或先天遗传的，进而限制小孩未来可能的成就和发展。

我们也不应该让小孩或父母知道他的智商高低。他们不了解做测验的目的，可能以为智商报告代表最后的审判。教育最大的问题不是小孩先天有限制，而是小孩给他自己设限。假如一个小孩知道他的智商低，他可能失去希望并相信自己不可能成功。我们应该致力于教育小孩增加自信心、兴趣，并消除他自以为是的自我设限。

学校成绩评估道理亦同。老师给小孩不好的成绩评估，用意可能是刺激他更加努力。不过，如果小孩家风严厉，他会害怕把成绩单带回家。他可能不敢回家或涂改成绩单。有些小孩甚至因此自杀。因此，为人师表者，在评估前必须事先顾虑可能的后果。他们无须为小孩的家庭生活和家庭对他的影响负责，但他们必须顾及每个小孩的状况。

如果父母要求很高，看过小孩的坏报告后或许勃然大怒，责骂小孩。但如果老师慈爱和宽容一点，这个小孩可能获得激励，进而努力向前，取得成功。当一个小孩总拿到坏成绩，其他人都以为他是全班最差的学生时，他可能自暴自弃，相信他自己最差。有了这种想法后，他更只会每况愈下。不过，即使最差的学生都能够改变，有许多案例足以证明一个在学校进步迟钝的小孩，只要恢复自信心和兴趣，就能取得优秀的成绩。

我们注意到一件事情很有趣，小孩一般不需看学校成绩就能帮另一个小孩的能力做出正确评断。他们知道谁算术、拼字、画图和游戏的能力最强，而且还可以依先后顺序点名。不过，小孩最常见的共同错误是，他们相信自己永不可能进步。只要别人成绩好过自己，他们就相信永远不可能赶上。假如一个小孩这种态度极度坚定，可能终其一生抱持这种想法。即使长大后依然会拿自己的成就跟别人相比，并且深信他永远落后。

大部分小孩无论上哪一个年级，考试名次大致相同。他们总是排前几名、一向排中间或永远在后。我们不能拿这件事作为判断他们天资高低的标准。这显示他们的自我设限，以及乐观的程度和活动的范围。一个小孩戏剧性地由最后几名开始取得惊人进步的现象不是不常见。小孩应该了解他们的自我设限是个错误，老师和学生都应该排除小孩的进步跟他的遗传有关的观念。

◎天分VS后天培养

在所有的教育误区里，就属相信小孩的发展受遗传限制这个错误最严重。这让老师和父母有借口掩饰过错，松懈小孩的教育，以及轻易推卸对小孩影响的责任。父母和老师不应该逃避责任。如果教育者真把小孩人格和智能的整个发展推给遗传，我不知道他如何能够做好教育工作。另一方面，假如他明白自己的态度和努力会影响小孩，就不能逃避责任。

我在这里指的不是生理遗传。生理缺陷的遗传毋庸置疑。我相信这类遗传问题对心灵发展的重要性，只有个体心理学了解。小孩意识到他的生理缺陷，根据这项缺陷的判断为自己的发展设限。影响心灵的不是缺陷本身，而是小孩对他的缺陷所抱持的态度。所以，让一个有生理缺陷的小孩明白，他的智能或人格并不因此有所短缺就特别重要。我们在先前介绍过，一个生理有缺陷的小孩可能为弥补缺陷而更努力，并比正常小孩获得更大成就，或者，他可能只把缺陷视为限制他发展的障碍。

当我首度提出这个想法时，许多人说我不科学，纯属我个人的观点，不足采信。然而，这是我根据个人经验归纳出来的结论，能够证实我这项结论的证据亦不断增加。如今，许多精神病学家和心理学家亦持相同看法，或许可以把人格遗传这个信念称之为迷信。当然这是一个存在了数千年的迷信。当人希望逃避责任，对人的行为看法错误，人格遗传的理论就应运而生。它最简单的形式是相信小孩在出生时好坏便已注定。资料显示这纯粹是无稽之谈，它只在人有强烈欲望想逃避责任时，才能成立。

“好”和“坏”，就跟人格的其他表征一样，只有在社会背景里才有意义。它们是在社会环境与人类同伴里所受训练的结果，它们是对一个人的行为“有益于他人福祉”，或“有害于他人福祉”的评断。一个小孩出生前尚未进入社会环境。出生后才有可能往其中一方向发展。他会选择追随哪一条道路，取决于环境和身体所接收的印象和感觉，以及他对这些印象和感觉的诠释。最重要的是，全看他受到怎样的教育。

智能的遗传亦同，虽然这方面的资料或许较不充足。影响智能发展最强烈的因素是“兴趣”，而我们已经了解兴趣如何受气馁与害怕挫败阻碍，跟遗传无关。大脑架构受遗传影响毋庸置疑，但脑只是工具，不是心灵的源头，只要挫败不是大得让我们无法以现有知识克服，就能够训练大脑予以弥补。我们会发现超能力背后靠的不是天赋异秉的遗传，而是持续保持兴趣和训练。

即使我们发现，有些家族不只一代出现许多异才贡献社会，我们也不应假设这是遗传使然。或许反而可以说，家庭里一个成员的成功刺激其他成员跟进，家庭的传统和期许促使小孩跟随他们的兴趣，以及借由练习来自我训练。因此，当我们知道伟大的化学家莱比格（Liebig）是药房主的儿子时，我们无须假设他的化学才华来自遗传。只要进一步调查，我们会发现是环境让他得以追求兴趣，在其他小孩对化学尚一无所知的时候，环境让他早已浸淫在他有兴趣的化学领域里。

莫扎特的父母喜欢音乐，但莫扎特的音乐才华不是出自遗传。他的父母希望他喜欢音乐，在音乐方面对他鼓励有加。他从小生长在充满音乐的环境里。大体上，在杰出人士的身上都能看到这种“早期出发”的事实：他们四岁开始弹钢琴，或者他们很小就帮家庭成员写故事。他们长久和持续有兴趣，而且对自己的兴趣未丧失勇气，也未迟疑或退却。

一个老师若深信小孩受遗传限制，永远不可能协助小孩排除他的自我设限。他若对小孩说：“你就是没数学天分。”他的工作就能轻松许多，但这只会让小孩气馁。有几年我曾经是班上数学最差的学生，当时我相信自己没数学天分。幸好有一天我大出意外地发现，我竟能解开一道连数学老师也束手无策的难题。这个出乎意料的成功，改变了我对数学的态度。以前我对数学了无兴趣，现在我开始喜欢上它，并且利用每一个机会改善数学能力。结果，我变成学校的数学资优生之一。我想这回经验协助我了解，所谓天赋或与生俱来的理论是错误的。

◎辨别个性类型

接受过了解小孩训练的人，很容易分辨出小孩个性和生活风格的差异。一个小孩合作的程度可由他的姿势、他看和听的方式、跟其他小孩保持的距离、结交朋友的容易度，以及他专心的能力里观察出来。如果他忘记做功课或丢掉书本，我们可以明白他对功课没兴趣。我们必须找出他为何不喜欢学校的原因。如果他未加入其他小孩的游戏，我们可以知道他有疏离感。如果他总是要别人协助做功课，我们能够明白他缺乏独立和帮助别人的精神。

有些小孩要人赞美才肯做功课。许多被宠坏的小孩只要能够获得父母的注意，就能把功课做得很好。当他们失去有利地位，就开始惹麻烦。要有观众他们才肯动作；如果没人观看他们就失去兴趣。这类小孩经常在数学科目上问题最大。在他们只需背诵一些规则或句子时，他们的表现可嘉，但假如要他们独立解答一道问题，表现就经常一团糟。

乍看之下这或许只算小失败，但实际上却表示一个需要别人帮忙和注意的小孩，会严重危及其他人的福祉。假如这种态度维持不变，他将终其一生继续要求其他人的帮助。每当他遇到问题时，就马上估算怎么强迫别人帮他解决。他将穷其一生不对别人做出贡献，反而变成同伴的长久负担。

一个想要成为注意中心的不同类型小孩，如果感觉自己不受注意，他会试图借顽皮、捣蛋、带领其他小孩堕落和惹各种麻烦的方式来获得注意。责骂和处罚对他起不了效果，他甘之如饴。与其被冷落，他宁可被处罚。对他而言，他的坏行为带给他的不愉快经验，不过是他达到受注意目的所付出的代价。许多小孩只把处罚当成是个人的挑战。他们把它看成比赛或游戏，比赛谁能撑得较久。所以小孩跟老师或父母对抗，有时候是在训练自己接受处罚时要笑，而不是哭。

一个懒惰的小孩，除非他的懒惰对老师或父母是直接的攻讦，不然他几乎是个有野心，但却一直害怕挫败的小孩。每个人对成功这个字眼的了解不同，而小孩给挫败的定义能够出人意料之外。许多人认为若不能胜过每一个人就是挫败。即使他们已经很成功，只要还有别人比他们好，他们就认为是挫败。一个懒惰的小孩从未实际经验过挫败，因为他从未真正去面对一个问题。其他每个人都认为，只要他不那么懒惰，就能克服他的困难。他以幸福的白日梦作为慰藉："只要我去做，任何事情都能完成。"当他失败时，他会对自己说："我只是太懒惰而已，跟我的能力无关。"借以减轻他的失败感并保持自尊。

有时候老师会对懒惰的学生说："如果你再努力一些，就会是全班最聪明的学生。"如果他什么都不做就能获得这种好评，那他何必冒险尝试呢？或许他停止懒惰，老师就不再赞美说他有隐藏的聪明才智。到时老师会用他实际而不是他可能达成的表现来评估。懒惰的小孩另一个个人优势是，只要他做一点功课，就能获得赞美。每个人都期盼他起码有个开始，所以只要他稍有改善动作，大家都急着给他鼓励，无论他做的事情对正常小孩是多么微不足道。如此一来，一个懒惰小孩靠别人的期待而活。他在婴儿时期就已训练自己期待别人努力满足他这个被宠坏的小孩。

另一个类型的小孩很容易分辨，就是在同辈里带头的小孩。

人类需要领袖，不过真正的领袖必须顾及每个人的利益，但这种领导人少之又少。大部分带头领导的小孩，他们喜欢统治和支配别人，要能做领导人他们才会加入其他同伴。因此，这种小孩的未来不会太光明。年纪稍长后他们必定遭遇许多困难。若两个这种类型的人结婚、共事或交朋友，结果不是悲惨就是滑稽。他们随时都在找机会支配对方和建立自己的优越。有时候年纪较大的成员会看到，家里被宠坏的小孩试图命令和压制他的好笑情景。他们嘲弄和故意煽动他这种行为。不过，老师马上就能看出，家人这类做法对他的人格发展不会有帮助，不会帮助他长大成为对社会有用的人。

小孩间往往就有很大的差异，我们绝不能抹杀他们的个性，试图把他们削成同种形状，或铸成相同模样。然而，我们想要做的是，预防他们在发展上养成自以为挫败和自暴自弃等的习惯，而这些错误的习惯在童年期较容易矫正或预防。这类错误的习惯若未从小矫正过来，长大后他们可能会对社会造成严重伤害。童年时期的错误和成年时期的失败有直接关联。未学习合作的小孩长大后可能会变成神经症者、酗酒、犯罪或自杀。

焦虑症神经症者小时候怕黑，怕陌生人或怕新状况。忧郁症患者小时候是爱哭宝宝。在目前的社会里，我们不能冀望帮助所有的父母避免犯错，尤其最需要协助的父母通常又属于沉默、不求助的一群。然而，可以寄望在老师身上。透过老师，我们能够帮助所有小孩，试着改正以往的错误，并且训练小孩成为独立、勇敢和合作的生命。这是人类未来福祉最大的保障。

◎一些教育观察

即使在一个大班级里，我们亦能够观察出小孩间的差异，若了解他们的个性会更有助他们的教育。然而，大班制教学绝对是一种缺失。老师未能发现一些小孩有问题，以致于难以给他们适当的辅导和处理。一个老师应该要了解全部的学生，否则他无法引导他们的兴趣和合作。我认为小孩由同一个老师带领几年会有极大帮助。有些学校约每隔六个月就换老师一次。如此一来，老师没有足够的机会可以跟小孩打成一片，进而了解他们的问题。如果一个老师带同一班小孩三或四年，就较能发现和补救小孩生活风格里的错误，并且亦更容易协助发展小孩之间的合作能力。

跳级不见得对小孩有利，他肩负别人对他额外期许的包袱。如果一个小孩年纪太大，或比班上其他小孩发展迅速，这时或许可以考虑给他升级。然而，一个班级等于一个单位，单位里若有一个成员取得成功，应该能对其他成员有益。一班里若有几个才华洋溢的学生，便能够促进并提升整班学生的进步，若把班上这么一个激励因子给夺走，对其他学生很不公平。我会建议除了常规课程外，应该给班上这个异常聪敏的学生其他活动和兴趣，比如画画等。他在其他活动上的成功，亦会带动其他小孩扩展兴趣，激励他们一起参与。

留级重读一年对小孩更是不幸的事。每个学校老师都知道，留级一年的小孩不管对学校或家庭都是一个问题，虽然情况不见得一定如此。有极小部分的留级小孩一点儿问题也没有。然而，绝大部分留级的小孩，成绩总继续落后也爱惹麻烦。其他小孩看不起他们，他们对自己的能力保持悲观的看法。这个问题很难解，而且在我们目前的教育体制下，有些小孩不容易逃脱留级一年的命运。有些老师利用假期，帮助进步迟钝的小孩辨识出生活风格里的错误，让他们避免留级。当这些小孩的错误被辨识出来并升级后，他们能够在各方面进步神速。其实，这是我们能够协助迟钝小孩的唯一方式：协助他明白，他对自己能力评估上的错误后，我们就能让他自由发挥。

每次我看见小孩依成绩编成优生班和放牛班两班时，我就注意到一个极为显著的事实，但我应该说，这是我个人在欧洲的经验，美国的情形我并不了解。在放牛班学生这一群里，我发现他们是智障小孩和穷苦家庭小孩的混合体。在资优班好学生这一群里，主要是有钱人家的小孩。这个事实我们很能了解。穷苦家庭的小孩较未准备好上学。他们的父母本身要面对许多难题，没多少时间帮小孩做上学准备，或者他们的教育程度帮不了孩子。

然而，我不认为应该把未做好上学准备的小孩编入放牛班。一个有良好训练的老师知道如何修正缺乏准备的学生。如果他们被编入放牛班，事实就摆在眼前，而且资优班的小孩亦明白这点，并会瞧不起他们。这等于让小孩产生挫败感，并且为以错误的方式寻求优越感打下基础。

原则上，我们理应倡导男女混合教育。这是一种让男生和女生更互相了解，并学习与异性合作的绝佳方式。然而，相信男女混合教育能解决所有问题的人绝对是大错特错。男女合校教育有它特别的问题，除非这些特殊问题获得辨识和处理，男女合校的学校，会比男校或女校制造更大的两性疏远问题。

比如其中有一个困难是，女孩在十六岁前的发育快过男孩。如果男孩不了解这点，他们就难以保持自尊心。男孩看见女孩的发展远远超过他们，变得垂头丧气。之后因为他们记得这些挫败的经验，会害怕跟异性竞争。一个喜欢男女混合教育和了解问题的老师，能够在工作上非常成功，但如果本身不赞同这个教育方式，也对它不感兴趣，他会失败。另一个困难是，除非小孩获得适当的训练和督导，不然一定会发生性方面的问题。

学校的性教育是非常复杂的问题。教室不是适合性教育的地方。如果一个老师对全班学生讲话，他无法知道每一个学生能否正确了解。于是他可能撩起小孩的兴趣，但却不知道小孩对这些兴趣准备好与否，或他们会如何把性纳入生活风格里。当然，如果小孩想知道更多并私下问老师问题，老师应该给他诚实和直接的回答。那么老师就有机会判断小孩真正想知道什么，并给他正确的指点，把他导入正途。不过，太过经常在课堂上讨论有关性的问题反而有害。有些小孩必定产生误解，而且把性当成一件好像不重要的事情来谈论，这对小孩一点好处也没有。

◎心理咨询部门的工作

大约十五年前，我提倡在学校成立心理咨询部门，目的在于寻求跟老师沟通并建立一套课程，在维也纳和欧洲许多城市的学校里，证实个体心理学咨询部门极有价值。理想很多和希望很高很好，但若找不到一套能达成理想的实际方法，再多理想都是空谈。根据这十五年来的经验，或许我可以说这些心理咨询部门业已非常成功，并且提供最佳方式，处理我们必须为大众负责的小孩童年教育。自然地，我深信心理咨询部门以个体心理学出发成果最佳，但我看不到有何理由，不该跟其他学派的心理学家合作。其实，我总倡导应该跟不同学派的心理学家合作，然后参考每一学派所做的结论。

心理咨询部门运作的程序，是由一位对老师、父母和小孩的问题有良好训练的心理学家，跟学校老师一起开会讨论工作上的问题。当他到学校后，老师跟他描述小孩的个案与问题：可能是小孩太懒惰、爱斗嘴、蛮横、偷窃，或成绩落后。心理学家提供他的经验，然后一起做讨论。老师描述小孩的家庭生活和人格发展情形，这些亦是小孩问题的来源。老师和心理学家讨论可能的原因与处理方式。因为他们的经验丰富，所以很快就能找出解决办法。

心理学家在的当天，个案里的小孩和父母也到场。在心理学家和老师决定好如何跟父母恳谈与告诉他们小孩问题的原因后，他们会找父母进房会谈。父母能提供更多资讯，然后心理学家和父母开始讨论，他会建议父母帮助小孩的方法。总体上，父母很高兴有咨询机会，也准备好要合作，但如果他们排斥，心理学家或老师会跟他们讨论其他类似的小孩案例，并且告诉他们如何帮自己孩子的方法。之后小孩进来和心理学家谈话，不过不谈他的错误，只谈他的问题。心理学家寻找阻碍小孩发展的原因，原因可能是他感觉不受重视，家里其他小孩较受疼爱等等。他不会责骂小孩，只会跟他进行友善谈话并了解他的看法。如果要提及小孩的某一个错误，他会用假设的案例邀请小孩提供意见。结果小孩能够了解，并迅速改变他的整个态度，即使对这个工作没经验的人，一定也会意外地发现这样的效果竟如此之好。

所有接受过我训练的老师，都很高兴看到小孩有进步，他们无论如何都不愿意放弃这项措施。这让他们的工作更有趣，而且他们的努力取得更有效的成果。他们没人感觉有额外的工作负担，经常在半小时之内，或用不到半小时就能把苦恼了他们数年的问题给解决掉。如此一来，整个学校的合作精神提高，不久之后，学校不再出现大问题，只剩下一些小问题需要处理。老师本身也变成心理学家。他们学习并了解个性的和谐，以及所有个性表征间的关联，如果有问题发生，他们已懂得如何自行处理。其实，我们希望每个老师都学习心理学的一天到来，那么心理学家就可以功成身退了。

以老师发现班上有个懒惰小孩为例，他会找小孩讨论懒惰这个主题。讨论一开始他会问：“懒惰从哪里来呢？”“为何有些人会懒惰？”“一个懒惰的小孩为何要改变？”和“有什么该改变？”等的问题。小孩会谈论问题、做出结论。这个懒惰的小孩并不知道自己是这次讨论的目标，不过懒惰是他个人的问题，所以他会很有兴趣讨论，并由讨论中获得许多学习。如果受到攻诘或责骂，他什么也学习不到；但假如他能留神聆听一场平和的讨论，他就会思考这个问题，进而改变态度。

没人能了解小孩的心思，连跟他们一起工作和游戏的老师也做不到。他见过许多不同类型的小孩，如果他的技巧够好就能跟每个小孩建立良好的关系。小孩早期的错误持续或获得矫正的机会全操纵在他手里。就像母亲一样，他是人类未来的守护神，他能做的贡献价值难以衡量。

第八章
青春期

◎何谓青春期

有关青春期的书籍比比皆是，它们大多把青春期视同一段威胁个体整体人格发展的危险期。青春期里有许多危险，但并不能改变一个人的性格。一个成长中的小孩在青春期要面对许多新状况和新考验，他感觉正接近人生的前线。因此，生活风格里隐藏的错误或许一一呈现出来，不过有经验的人，能在早期就观察出这些错误。这些错误在青春期里变得愈发明显，并且不容忽视。

心理层面

对所有年轻人而言，青春期所代表的最重要意义是：他必须证明自己不再是个小孩。或许我们可以说服他相信这是很自然的事情，如果做得到这点，他在这个阶段里很多的压力就能去除。但如果他感觉必须证明自己已经成熟，将不能避免地承受过多压力。

大多数的青春期行为，不过是小孩想显示独立，想跟大人平等，想转变为男人或女人的结果。这个行为的方向取决于小孩赋予“长大”的意义。如果“长大”表示不再受限制，小孩就会反抗所有限制。这是青春期小孩常见的表现。许多青春期小孩开始抽烟、说脏话和夜归。有些小孩跟父母事事唱反调，这些父母可能因一个乖巧的小孩突然变得叛逆而伤心或失望不已。不过，这不是小孩态度的改变，本来十分乖巧的小孩，其实心里总是反对父母，但现在，在他感觉自己有更多自由和力气后，他觉得自己可以公开宣布他的不满了。一个总被父亲欺压，必须在表面上假装乖巧和顺从的小孩，他不过是在等待时机报复罢了。一旦他感觉够强壮后，他可能挑衅父亲打一场架，把父亲痛打一顿后离家而去。

小孩经常在青春期获得更多自由和自主权。父母不再觉得他们有管束的权力。然而，如果父母继续行使他们的管束权，小孩可能更努力避免受他们控制。父母越想证明他还是一个小孩，他就越激烈反抗，以证明他已长大。于是在此抗争下，小孩逐渐发展出敌对的态度，因此出现典型的“青春期反抗”。

生理层面

我们无法严格确定青春期的年龄层。一般它从十四岁开始，一直到二十岁时结束，不过有些小孩十或十一岁就迈入青春期。这时身体所有器官都在成长和发育，有时候小孩会出现身体协调上的困难。小孩长高，他们的手脚变大，或许会变得较不爱动和较不敏捷。他们需要努力改善身体的协调性，但如果在此过程里遭受讥笑或批评，他们会相信自己天生笨拙。如果小孩的动作遭嘲笑，也会变得笨拙。

这时内分泌开始刺激小孩发育。青春期阶段内分泌开始旺盛。但这不是一个彻底的改变——内分泌在婴儿期间就已开始运作——如今它们的分泌增加，副性征变得愈见明显。男孩开始长出胡须，开始变嗓。女孩身材开始丰满，明显更女性化。这些也是青春期小孩可能产生误解的地方。

◎成人期的挑战

有时候一个尚未准备好过成人生活的小孩，他在逐渐接近如建立事业、交友、爱情和婚姻等成人的挑战过程中，遭遇困难挫折时会感觉痛苦万分。他感觉绝望，不认为自己能做得好这些事情。跟人在一起时他内向和羞怯，他希望把自己孤立起来，留在家里不要出门。在工作世界里，他找不到有兴趣的工作，并深信无论他做哪个工作都会失败。至于爱情和婚姻，跟异性在一起时他感觉难堪、不自在，害怕跟异性见面或相处。如果他跟异性说话，会脸红，他找不到话回答对方。随着时间一天一天过去，他的绝望感越来越深。

在极端的案例里，这么一个个体完全无法处理任何人生的问题，没人能够受得了他。他不注意别人，不跟他们说话或不听他们说话；他不工作或不读书；他躲在一个狭小的世界里。他只剩下一些卑鄙的性活动。这是精神分裂症的状况，一个由小错误而起的状况。我们鼓励这样的小孩，告诉他尚未转错方向，为他指引一条正确道路，他就有可能恢复正常。这个工作不容易，因为他整个成长都必须修正。他对生命从前、现在和未来的意义，必须以更科学的观点来探讨，而不单凭他个人的逻辑而定。

青春期所有的危险，皆因小孩处理人生三大工作的训练不正确而起。假如小孩害怕未来或对未来悲观，自然而然地，他们会以最轻松的方式处理未来。然而，如果轻松的方法无效，小孩会越被催促、告诫和批评，他好像站在无底深渊的边缘。我们越把他往前推，他越退却得厉害。除非给他鼓励，不然协助他的每一个努力将是一个错误，伤害他更深。当他如此悲观和害怕的时候，我们不能期待他有能力做任何额外努力。

◎一些青春期问题

被宠坏的小孩

许多发生在青春期的失败，都是因为小孩被宠坏，这种小孩由于自小习惯有父母可差使，所以在接近承担成人责任的青春期阶段，很容易感觉受到特别限制。他们还想继续被宠，但随着年纪增长，他们发现自己不再是父母注意的中心，他们感觉人生在欺骗他们，让他们失败。他们在温室里长大，对他们来讲，外面的空气特别寒冷刺骨。

守恋童年

在此阶段里，有些年轻人希望不要长大。他们或许甚至保持童稚的说话方式，找年纪较小的孩子一起玩耍，假装他们能永远当个小孩。然而，他们大部分会做些尝试，让自己表现得像个大人。如果他们不够勇敢，就会拙劣地模仿大人的样子：男孩模仿男人的姿态，乐于自由花钱、挑逗异性和谈恋爱。

小型犯罪

在更棘手的个案里，男孩若找不到清楚方向处理生命问题，而且个性外向和活泼的话，很可能就会迈入犯罪生涯。如果他先前犯过一些小罪未被察觉，认为自己够聪明，再犯也不会被查获的话，他就更容易走上歧途。犯罪是逃避生命问题最轻松的方式之一，小孩若要谋生，犯罪尤其是最容易的方式。因此，导致十四岁到二十岁年龄层的犯罪率大幅升高。在这里，我们再度面对的不是小孩的新发展，这是小孩生活风格里原有的错误，在压力较大的情况下显现出来。

神经行为

对较不活泼和较不外向的小孩来讲，最容易的逃避方式就是出现神经症。有许多小孩在青春期开始出现功能失常和神经症。每一个神经症症状，都是设计来拒绝解决问题的辩解，且无损个人的优越感。神经症症状在个体遭遇无法面对的社会问题时出现。困难制造大量压力。青春期期间，生理结构对这类压力和紧张特别敏感，所有器官可能受刺激，整个神经系统继而受到影响。这能给犹豫和失败提供借口。在此状况下的个体，由于他受病症之苦，所以不管是他自己或别人，都开始认为他可以卸除人生责任。

每一位神经症者皆自认有最善良的意图。他深信社会兴趣和面对生命问题的必要性。只是他的个案是这个诉求的例外。神经症就是他的借口。他整个态度在说："我很想解决所有的问题，但很不幸地我没办法。"因此，他跟公开主张坏意图、社会兴趣封闭的罪犯不同。我们很难决定这两者谁对人类福祉伤害最大。神经症者的动机是如此善良，但他们的举动怀恨、自私，设计来逃避跟人群合作；至于罪犯，他们的敌意是如此公开，但他们为压抑自己的社会兴趣而痛苦万分。

背离期望

我们发现有些小孩的表现在青春期里出现明显的逆转。原先功课上最被看好的小孩，表现开始大幅滑落；原来似乎天资较差的小孩开始取而代之，显现出别人始料未及的才能。这跟小孩原先的表现并无抵触。或许一个大被看好的小孩，因害怕满足不了别人对他的期许，而变得焦虑不安。只要他受到支持和赞美，就能勇敢向前；但如果他必须独立作战，他就丧失掉勇气，变得逃避困难。其他小孩可能发现他们有了自由而受到激励。他们清楚地看见通往抱负的成功之路就在前面。他们充满新想法和新计划。他们的创造力增强，对人生各层面的兴趣变得更鲜活和积极。这些小孩一直保持勇气，独立自主对他们并非困难和挫败，而是表示有更多成就和贡献的机会。

寻求赞美和认同

早期感觉受冷落和忽视的小孩，在跟其他人类伙伴建立较佳关系后，便开始希望博得赞美。有许多人极度渴望别人的激赏。过于寻求赞美对男孩而言很危险，但有许多女孩更缺乏自信，她们把别人的认同和赞美，作为证明她们价值的唯一方式。这种女孩很容易沦为那些懂得取悦她们的男人的猎物。我遇到过许多在家里得不到赞美的女孩，她们开始有性关系，这不仅是为了证明她们已经长大，也是为博取别人赞美和注意的最后一招。

让我来说一个出自贫苦家庭的十五岁女孩的例子。她有一个哥哥，但童年时期他总是生病。母亲花大部分时间照顾儿子，没给女儿多少注意。此外，小时候她的父亲也在生病，这严重限制了妈妈关心她的时间。

于是这个女孩急需关爱和注意，但她无法由家里找到。接着有一个妹妹出生了，这时她的爸爸健康已经恢复，妈妈可以全心照顾妹妹。结果，这个女孩觉得她是家里唯一没得到父母的关爱和感情的小孩。她把这份感觉压在心里忍耐着，她在家表现乖巧，是学校里最优秀的学生。由于她优异的学业成绩，学校建议让她继续升学，她被送到一所老师不了解她的高中就读。一开始她听不懂新学校的教学。她的功课开始退步，老师非难并挑剔她，她越来越沮丧。她急需别人给她赞美。当她发现在家里和学校都得不到赞美时，她做何感觉呢?

她到处寻找能给她赞美的男生。经过几次的经验，她跟一个男人离家出走了两个星期。她的家人非常担心，也试着找她。但不久之后，她发现他依然赞美不了自己，于是她开始后悔自己荒唐的行径。

接下来她想到自杀，这个女孩捎一张字条回家说："别担心。我服下毒药。我非常快乐。"其实她并没有服毒，我们能够了解原因。实际上她知道父母关心她，她感觉还能吸引他们的同情。所以她没自杀，她一直等她的妈妈过来把她带回家。如果这个女孩了解她所有的努力都是为了获得别人的欣赏，就不会有这些困难；假如她高中的老师了解她，或许也能防止问题的发生。这个女孩以往在校的成绩一直很出色，如果老师意识到这个女孩对成绩很敏感，需要更小心处理，那么她就不会变得这么气馁。

在另一个个案里，一个女孩出生在父母个性都很脆弱的家庭。妈妈一直想有个儿子，生出女儿时她非常失望。她低估女性的角色，女儿亦受她影响而有同感。她不只一次听见妈妈跟爸爸说："这个女儿没一点儿吸引人。长大后没人会喜欢她。"或者："她长大后我们要拿她怎么办？"在此有害的气氛下生长十年后，有一天她看见一封妈妈朋友寄给妈妈的信，安慰她虽然只有一个女儿，但她还年轻，有时间再生个儿子。

我们不难想象这个女孩有何感觉。几个月后她到乡下舅舅的家里玩。她在那里认识一个弱智的男孩，并谈起了小恋爱。后来他离开她，但她持续一连串相同行为。当我看见她时，她已经有一长串的爱人名单，但每次恋爱依然没给她获人激赏的感觉。如今她得了焦虑神经症，如果只有自己一个人，她就不敢外出。而试过许多方式仍得不到赞美之后，现在她换另一个方式：她开始借着病痛和伤害，对家人颐指气使，家里每件事情都要经过她的批准，如果父母不从，她就痛哭失声并扬言自杀。要让这个女孩喜欢自己，以及让她相信她在青春期里过度强调被排斥感，这个工作相当艰难。

◎青春期性观念

男孩和女孩在青春期期间，往往都由于想证明自己已经长大，所以高估和夸大性关系。比如一个跟母亲做对，总相信自己受到压抑的女孩，在青春期经常为了表达抗议，而随便跟她认识的男性发生性关系。她不在意妈妈发现与否，实际上如果她能引起妈妈焦虑，她最开心。一个女孩跟妈妈或者跟爸爸斗嘴后离家，然后跟她遇见的第一个男人谈恋爱，这种情形并不罕见。这类女孩大都属于那些一向乖巧、有良好教养、被认为最不可能发生这类行为的一群。然而，这种女孩实际上并无罪。她们对人生尚未妥善准备好，她们感觉受忽视和自卑，对她们而言，这似乎是唯一能让她们感觉坚强些的方式。

◎雄性主张

许多被宠坏的女孩发现难以调适她们的女性角色。我们的文化一向展示出男性优越过女性的印象，以致这些女孩讨厌当女性。如今来到青春期，她们显现出我所谓的“雄性主张”。雄性主张涵盖许多不同的行为表现。有时候她们只是厌恶和规避男性。有时候这种女性喜欢男性，但每当有男性在场，就感觉不自在和不敢跟男性说话，所以她们不愿意在有男性的场合里出现，而且对于性事一般都缺乏兴致。年纪大后，她们坚称自己很想结婚，但她们根本不去接近异性或不跟异性交往。

她们厌恶女性角色的感觉在青春期特别明显。女孩行为更男性化，试图模仿男生，她们尤其爱模仿男生的坏习性：抽烟、喝酒、说脏话、加入小团体或大肆追求性自由。她们经常辩驳说，如果她们像个女生，男生就不会对她们有兴趣。

当她们厌恶女性角色的感觉和表现更进一步发展，我们就会发现她们出现女同性恋、性欲倒错和卖淫等表征。所有的妓女从小就感觉没人会喜欢她们。她们相信自己天生就较次等，永远赢不了男性的爱或兴趣。在这些情况下，我们能够了解她们往往自甘堕落、贬低自己、只把性当成一种赚钱的方式。这股对女性角色的厌恶感并非由青春期引起。我们反而发现，这些女孩从很小的时候就开始痛恨当女性，只是在童年里尚未有这种自我表达的需要，同时亦缺乏机会表达。

不只女孩才有“雄性主张”。所有高估男性气概重要性的小孩，他们把男子气视为理想，怀疑自己不够强壮，害怕自己到达不了这个理想。如此一来，我们的文化所施予男子气概的压力，对男孩也像对女孩一样沉重，尤其是男性性征不够有自信的男孩，有许多小孩活在自以为性别可以改变的信念里。因此，让小孩在两岁大的时候就明白自己的性别和男女有别，是为人父母非常重要的一件工作。

青春期对一个长相较女性化的男孩而言特别难熬。陌生人有时候会误认他的性别，甚至家里的友人会对他说：“你真该是个女生。”这样的男孩多半会对自己的外表感到自卑，把爱和婚姻等生命问题当成是严厉的考验。不能认同自己性别的男孩，在青春期往往会出现模仿女生的倾向。他们开始表现得女性化，假装女性爱慕虚荣、婀娜多姿、任性善变等过度矫情的一面。

◎我们成型的年龄

一个人对待异性的态度，会在生命的头四五年里准备完成。性取向在婴儿期头几个星期里非常明显，但在合宜的宣泄管道建立前，不需要予以刺激。假若性取向未受到刺激，它会自然发展，不会对我们造成伤害。比如我们不应该担心小孩在他生命的第一年里对自己的身体表现出好奇，或许他会摸触自己的身体，但我们应该运用影响力让小孩合作，让他减少对自己身体的兴趣，开发他对周围人群更感兴趣。

如果这些企图是为了自我满足且无法遏止，这又另当别论了。那么，我们能够确定这个小孩有自己的心思。他不是性取向的受害者，反而会用来达成个人的目的。总体上，小孩的目的是获得父母的注意。他们感觉到父母的担心和害怕，也知道如何利用这些感觉。结果，如果他们的习惯不再能吸引父母的注意，就会自行放弃。

父母接触小孩必须小心。父母以拥抱和亲吻来表达对孩子的爱和感情并没什么不对，只要不刺激孩子不正当的生理反应即可。此外，小孩或大人在回想童年时经常告诉我说，他们偷看到父亲书房里的色情书刊或色情影片时，身体兴起一股异常的感觉。

父母最好把这类书籍和影片收藏好，不要给小孩看见。如果不刺激小孩的性欲，就能避免掉这类困难。

另一种形式的刺激，我们在先前介绍过，就是给予孩子不必要和不适当的性资讯。许多大人似乎对性教育过于狂热，好像害怕小孩长大后对性懵懂不知似的。如果我们检讨自身和别人的经验，我们会发现，他们担心的事情根本不会发生。最好等到小孩对性产生好奇，并想要了解后，才给予小孩性教育。假如父母注意和关爱子女，即使小孩不说，他们亦能察觉到小孩的好奇。如果小孩跟父母建立了友好的关系，他会发问，父母的回答应该要让他能够了解并取得知识。

同时也建议父母不要在子女面前过度以肢体表达对彼此的感情。如果可能，小孩不应该跟父母同房而睡，更不应该跟父母睡同一张床。还有最好不要让女孩跟哥哥或弟弟睡同一间房。父母必须注意子女的发展，不应该自我欺骗。假如他们不了解子女的个性和发展，就永远不会知道子女受到什么影响。

期待青春期

人类某些发展阶段，经常被赋予一个高度私己的意义，好像它们是明确的转折点似的。这几乎是普遍性的偏差。比如把青春期当成一段非常特别和独特的阶段。更年期亦受到类似的看待。然而，这些阶段并未带来基本的改变，它们不过是生命的延续而已，不是什么重要的关头。一个个体期待在这个阶段里发现什么，他认为有什么意义，以及他怎么教导自己去面对，这才是最重要的。

小孩经常在青春期初开始时惊慌失措，好像见到鬼一样。假如妥善了解这份反应，我们会看见小孩一点儿也不关心生理在青春期的发展，只有社会要求他们对自己的生活风格做新的调整。但问题是，他们通常会相信青春期是一切的结束，他们的价值全数丧失。他们不再有合作和贡献的权利，没人再要他们。所有青春期的问题和困难，都由这些感觉与忧虑而起。

如果小孩受过良好训练，认为自己跟别人是平等的一分子，了解他对社会有贡献的责任，也明白异性是同伴，与异性是具有平等地位的，那么青春期只会给他机会，开始以创新和独立自主的方式，来解决成人生活的问题。如果他感觉自卑，如果他对自己的情况观点错误，那么就代表他未能准备好面对青春期的自由。如果有人强迫他做必要的工作，他会去完成；但若期待他自动自发去做，他会犹豫和失败。如此一个需要别人驱使的小孩，若太过自由，而不加以引导，那么他一定失败。

第九章

犯罪与其预防

◎了解犯罪心态

个体心理学能协助我们分辨人类的所有不同类型，明白人类尽管类型不同，但基本上并无太多差异。比如我们发现罪犯在行为上显示出来的失败，跟问题儿童、神经症者、精神病人、自杀者、酗酒者和性变态者类似。他们解决生命问题的方式都失败，而且，他们在非常明确的方面都一样失败，他们每个人在社会兴趣方面也都失败。然而在这里，我们无法把他们跟其他人区分出来。没人能成为合作或社会兴趣的完美无缺的典范。罪犯，只不过是因为他们的失败较一般人严重，才会有所不同。

人类追求优越

了解罪犯有一个议题特别重要，虽然我们会发现他们在这方面跟我们雷同。我们都希望克服困难，努力追求使我们感觉更坚强、更优越、更完整的未来目标。正确地说，这是所有人类一生追求的目标——努力由较次等地位，跳往较优越地位，由挫败争取胜利，由下往上爬。由童年开始，直至生命完结为止。生命涉及我们在地球的继续存在，努力克服障碍和战胜困难。因此，我们不该惊讶罪犯也抱持着如此的生命哲学。

罪犯在所有的行动和态度里，显示出他也在努力追求优越、解决问题、克服困难。他之所以与人不同，不是目标不同，而是他使用的方式和选择的方向不同。如果我们了解他之所以选择的方式，是因为误解了社会生活对他的要求，和他不关心其他人类伙伴，我们就能明白，他有如此行径是相当可以理解的。

环境，遗传与转变

因为有些人的想法刚好相反，所以有一点我要特别强调。他们把罪犯当成人类的异数，完全不属于正常人。比如有些科学家主张罪犯皆属精神障碍一族。其他人则强调犯罪跟遗传有关，他们相信罪犯天生有邪恶因子，经不起犯罪的诱惑。还有人高喊说：“一朝为贼，终生为贼！”如今有不少证据可以驳斥这些说法。更重要的是，如果我们接纳这些说法，我们就永远解决不了犯罪问题。历史告诉我们，犯罪制造了多少祸害，如今我们急欲加以制止。我们永远不能光靠“犯罪全是遗传问题，我们爱莫能助”这种话为犯罪问题掩饰，这些还不足够。

绝没有强制性环境或强制性遗传这种事情。来自同一个家庭和环境的小孩，发展也能够完全不同。有时候罪犯来自一个声誉完美无瑕的家庭。有时候我们发现在一个恶名昭彰、把进出监狱和感化院视同家常便饭的家庭里，却出现个性和行为良好的小孩。另外还有些罪犯后来改过自新，犯罪心理学家经常解释不出一个惯窃到了三十岁以后，何以能够安定下来成为一个好市民。假如犯罪倾向是与生俱来的，或者受童年环境影响而起，那么前述事实就相当让人难以理解。然而，我们不难了解为何有如此的转变。这个个体可能换到较有利的状况，他较少被要求，生活风格里的错误不再浮出表面。或者有可能他已由犯罪获得所有他想要的东西，所以不再需要犯罪。最后，也许他人老了、胖了，较不适合犯罪工作，他的关节僵硬了，行动不如以往敏捷，这时偷窃对他变成一桩难事。

童年影响与罪犯的生活风格

我们能够让罪犯改过向善的唯一方式，就是找出童年时期阻碍他学习合作的原因。如今，个体心理学已为我们在这个黑暗领域投下部分光明。在这方面我们已取得更多的了解。小孩的精神在五岁前是一个单位，他个性的绳线全被拉在一起。遗传和环境影响发展的一部分，但我们不是那么关心这个小孩与生俱来有什么能力，或他遇到什么经验，我们关心的是，他如何利用这些能力和经验，怎么处理它们。这个层面的探讨特别重要，因为事实上，我们对遗传能力或生理失能一无所知。我们只需思考他所处的状况有何潜能，以及他有无充分利用它们。

所有罪犯都具有某一程度的合作能力，但不足以应付社会的要求，这点父母要负责，尤其是母亲。她必须了解如何扩展小孩的兴趣范围，直到小孩对别人感兴趣为止。但或许这个母亲并不想让她的小孩对其他任何人有兴趣。或许她的婚姻不快乐，夫妻两人相处不睦。或许他们考虑离婚，或彼此妒忌。因此，这个母亲可能希望把小孩占为己有。她宠坏他、溺爱他、不容许他独立。在这样的情况下，小孩合作能力的发展相当明显地受到限制。

对别的小孩感兴趣，这对社会兴趣的发展非常重要。通常某个小孩是妈妈的最爱，家里其他小孩往往会对这个小孩不友善，不愿把他纳入他们的社会群体里。若这个状况遭到误解，就可能成为犯罪的出发点。假如家里一个小孩非常突出，那么跟在他后面的下一个小孩，有很大的几率会成为问题儿童。也有可能排行老二的男孩较可爱和讨人喜欢，他的哥哥便会感觉弟弟剥夺掉父母对他的疼爱。这样的哥哥很容易自我欺骗，深信他遭忽视。他寻找证据证明他的想法正确。他的行为变得更恶劣，他受到父母更严格管教，于是他认为自己遭反对和受排挤的信念获得确认。由于他感觉遭到剥夺，于是便开始偷窃；他被发现和受到更多处罚，现在他有了更多证据证明没人爱他，以及每个人都跟他作对。

父母在子女面前抱怨工作不顺或经济拮据，可能阻碍小孩社会兴趣的发展。如果他们当着小孩面前诉说亲戚或邻居的不是、批评别人、显现出对别人不好的感觉和偏见，同样也会影响小孩。我们不意外他们的小孩长大后对别人观点的扭曲。最后，假如他们转而反对父母，我们也不应该惊讶。当社会兴趣遭阻，只剩一种自我中心的态度留下。这个小孩感觉：“我为何该帮助其他人？”在此心态下他无法解决人生的问题，他变得犹豫，并找寻轻松的解决方式。他发现自己难以努力，他不在意伤害别人。于是他开战——一场针对一切的战争。

让我提供几个例子说明犯罪发展的过程。有一个家里排行老二的儿子是个问题儿童。就我们的了解他相当健康，没有任何遗传性瑕疵。老大也是个男孩，最受父母疼爱，弟弟总试图赶上哥哥，好像他在参加赛跑，要超越前头的选手一样。他的社会兴趣并未发展，非常依赖妈妈，想要把妈妈占为己有。不过他有一项艰难的工作，就是哥哥这个超强对手，哥哥的学业成绩一直是班上前几名，而他的名次却常落在后面。

他管理和支配别人的欲望非常明显。他曾经命令家里的老女佣，要她像个士兵绕着房间踏步前进。这个老女佣非常疼他，即使他已长到二十岁，还陪他玩将军的游戏。他经常焦虑，过度恐惧完成不了他必须做好的工作，所以事实上，他根本一事无成。只要缺钱，他总能从妈妈那里拿到钱，虽然他会遭责骂和批评。

有一天他突然闪电结婚，这更增加他的困难和问题。然而，他的婚姻只是为了满足他一定要抢先在哥哥之前结婚的目的。他以为这回他大获全胜，但却显示他极度贬低自我价值，竟以如此荒谬的方式争取胜利。他尚未准备好婚姻，所以总和妻子吵个不停。在他妈妈经济不再宽裕、不再像以往那般满足他后，他订来钢琴，尚未付款给琴商就把钢琴售出换钱用。他因而身陷牢狱。从这个个案的历史来看，我们可以看出早期童年是他日后犯罪的根源。他在哥哥的阴影下长大，就像一棵被大树遮蔽的小树。跟资质聪敏的哥哥相比，他塑造了自己遭冷落和忽视的印象。

另一个例子是有关一个十二岁、极有抱负并被父母宠坏的女孩。她有一个让她非常忌妒的妹妹，不论在家或在学校，她总跟妹妹竞争。她总感觉妹妹比较受疼爱，妹妹拿到的糖果和零用钱比她多。有一天她偷同学的钱，结果被发现，并遭到处罚。幸好我能够跟她解释整个状况，让她明白认为自己比不上妹妹的观念是错误的。同时，我跟她的家人解释她的状况，他们让她停止跟妹妹竞争，且避免她产生妹妹较受疼爱的印象。这件事大概发生在二十年前。如今这个女孩已经长大，成为一个非常诚实的女人，有了一个小孩，而且从那个事件以后，她未曾犯过任何大错。

罪犯的人格架构

我们在第一章里，针对某些对小孩发展有危险的状况做过讨论，不过我想在此再做简短说明。如果个体心理学的发现正确，我们必须强调，唯有找出这些状况对罪犯的影响，并矫正他们的观念，才能真正引导他们往合作行为发展。有特殊困难的小孩主要分成三类：第一，有生理障碍的小孩；其次，被宠坏的小孩；第三，被忽视的小孩。

根据我对接触过的罪犯以及书籍报章里的犯罪行为所做的研究，我尝试探查罪犯的人格结构，我发现个体心理学协助我获得更深一层的了解。让我来做一些进一步的说明。

1. 康瑞德 · K（Conrad · K）弑父案：康瑞德伙同另一个男人，杀死自己的亲生父亲。他的父亲忽视这个男孩，对他残酷无情，并虐待全部家人。有一次这个男孩在父亲打他时反击，并打伤了父亲，父亲一状告到法庭。法官对他说："你有一个邪恶和爱吵架的父亲，我没有解决的办法。"

法官这席话等于提供这个男孩一个借口。他的家人试图为父子俩找补救办法，但都徒劳无功，于是他们陷入绝望。之后这个父亲找了个行为不端的女人回家同居，并把儿子赶出家门。在此时，这个男孩结识一位生性凶残的打零工男人。这个男人建议他杀死他的爸爸。男孩想到母亲，心里犹豫不决，但家里的情况越来越糟糕。经过一番激烈的思想斗争后，最后这个男孩下定决心，在这个工人的协助下杀害他的父亲。

在这个个案里，我们看见这个男孩无法延伸他的社会兴趣，连对自己的父亲也不能。他依然深深依恋着母亲，非常尊敬她。在他摧毁自己仅存的社会兴趣前，他需要刺激他的状况发生。所以他在获得残暴的工人支持后，他才能犯下弑父罪行。

2. 玛格丽特 · 汪辛格（Margaret Zwanziger），其他人称之为"知名下毒者"个案：她从小就是个弃儿，长得瘦小和丑陋。个体心理学会说这些状况刺激她急欲吸引别人注意和关心。为了满足需要，她在表面上显得谦恭有礼。

经过无数探试都枉然之后，她已接近绝望边缘，有三次她试图对妇女下毒，冀望能把她们的丈夫据为己有。她感觉被剥夺，找不到任何“拿回她的失物”的方式。她还用假装怀孕或企图自杀的方式来留住男人。在她的自传里（许多罪犯都乐于把自己的故事写下来），她的说法确认了个体心理学的观点，但她自己却不知道，她说：“每当我做邪恶的事情时，我想，‘从没人在意过我，那我何必在意别人呢？’”

由这些话里，我们可以了解她为何犯罪。她的这些话，就跟我建议人要合作、并对别人有兴趣时，可以经常听到的回答一样：“其他人对我也没兴趣啊！”

我总是这么回答：“总要有人先开始啊。其他人不合作不关你的事。我建议应该由你先开始，别管其他人合作与否。”

3．NL，排行老大的儿子，家境恶劣，瘸一脚，兄兼父职照顾一个弟弟。由这些状况，我们亦能辨识他具有追求优越的目标，这个目标一开始可能是有益的。不过，或许一切是出自他想表现自尊和炫耀的欲望。稍后，他载母亲出外求乞，并对她喊说：“滚开这里，你这个糟老太婆。”

我们应该同情这个男孩，他连对自己的亲生母亲也没兴趣。如果我们了解他的童年，就能了解他何以会走入犯罪一途。他有很长一段时间失业，没有钱，并染上性病。有一天他遍寻工作不着，回家的路上他跟弟弟为了一点小钱起争执，结果他把弟弟给杀了。在这里我们看到他愿意合作的限度——他没钱、没工作又染有性病。总有一个限度使得罪犯感觉他无法跟人合作。

4. 有一个小孩从小就是个孤儿，他的养母对他百般溺爱和纵容。结果他变成一个被宠坏的小孩，为他日后的发展埋下成因。他做生意方式狡猾，他不停地想让人佩服他，总想成为业界翘楚。养母不断鼓励他施展抱负，任他胡作非为。结果他变成大骗子，为赚钱不择手段。他的养父母属于少数贵族阶层，他则充贵族气派，把养父母的家财挥霍殆尽，然后把他们逐出房子。

恶劣的教养方式和纵容溺爱宠坏了他。用说谎和欺骗来胜过每个人变成他一生的赖以发展的伎俩。养母比爱亲生子女和丈夫还更疼爱他。这种教养方式让他感觉有权获得一切，但他无法以正常方式来超越别人，显示出他极度贬低自我价值。

犯罪，精神错乱与怯懦

在进一步介绍前，我先要驳斥所有罪犯都是精神错乱的说法。的确有精神病人犯罪，但他们犯罪的原因不同。我们不能要他们为犯罪负责，他们犯罪是因为我们完全不了解他们，以及我们以错误方式对待他们。

同样的，我们也必须排除弱智罪犯的刑责，因为他们只不过是幕后策划者的罪犯工具而已。他们是心思单纯的个体，受到幕后人士以钱财作为吸引，煽动他们的贪欲，所以他们受害犯下罪行，也冒受惩罚之险。当然，受年纪较大和较有经验的罪犯利用而犯罪的少年亦属此类。策划犯罪的人是那些有经验的罪犯，小孩受他们诱惑才会犯罪。

所有罪犯也都是懦夫。他们采取逃避依靠坚强去解决问题。

我们可由他们面对生命的方式，与所犯罪行看出他们的怯懦。他们躲藏在黑暗和隔绝的地方，他们偷袭受害者，在受害者能反抗前便先亮出武器。罪犯自以为很勇敢，但我们不该被愚弄而赞同他们勇敢。犯罪是一个懦夫模仿英雄主义的行为。他们努力追求满足个人优越的虚幻目标，他们喜欢相信自己是英雄，但这不过是个错误的人生观，是常人眼里的失败。我们知道他们是懦夫，假如他们明白我们知道，对他们无疑是一记重击。他们自以为聪明胜过警察，并经常认为："他们永远抓不到我。"这些想法膨胀了他们的自负和骄傲。

不幸地，只要我们仔细调查每一个罪犯的历史，我相信一定会显示出他们其实都曾经犯罪，但却有未被发现的经验，这个事实的确令人遗憾。被抓时他们心想："这次我不够聪明，但下次我会以智取胜，他们就抓不到我了。"如果他们下回确实成功逃脱，他们便感觉已达成自己的目标。他们感觉优越过人，并且博得夸赞和激赏。破除以为罪犯勇敢和聪明的迷雾非常重要，但我们应该从哪里开始呢？我们能在家里、学校和拘留中心里进行这项工作，我将在本书后面介绍一些最佳的攻击点。

◎罪犯类型

罪犯分成两种类型。一种是那些确知这世界里有种叫伙伴关系，但却从未去体验的人。这类罪犯对他人采取敌视态度，他感觉遭人排斥和不受人激赏。另一种是从小被宠坏的小孩，我经常听到监狱囚犯抱怨说："我会犯罪都是因为妈妈溺爱和纵容我。"有关这点，实际上我们应该更详尽地说明，但在此我稍微一提，只是想强调罪犯被各式不同的错误方式教养长大，他们没有在正确的合作环境下学习和成长。

父母可能希望子女长大成为社会的良好一员，但却不知道该怎么做。如果他们以专横和严厉的态度管教子女，就不可能成功。假如他们对子女一味溺爱，对子女一味顺从，就等于教导子女要以自我为中心，不用努力去争取别人的认同和赞美。因此，这种小孩丧失持续努力的能力，他们总想取得大家的注意，总期待获得一些东西。如果他们找不到一种轻松的方式获得满足，就会怪罪某件事情或某个人。

一些个案历史

现在让我们来检讨一些个案，看看能否说明上述观点，尽管这些个案内容不是为此目的而写。第一个个案节录自薛尔登和伊琳诺·格鲁克（Sheldon and Eleanor T. Glueck）合著的《五百宗犯罪故事》（*Five Hundred Criminal Careers*）一书里的"冷酷约翰"（Hard-Boiled John）个案。约翰这个男孩描述他犯罪的起源：

"我从没想过自己会犯罪。十五六岁之前，我跟其他小孩差不多。我喜欢体育，有一些运动爱好。我在图书馆借书看，有时候少年不识愁滋味地强说愁一下，没什么特别可说的。之后我的父母不让我上学，他们要我去做工，除了每星期给我五角钱以外，我的工资全被他们拿走。”

在这里他是在控诉。假如我们问他跟父母关系的问题，如果能够了解他整个家庭状况，我们就会发现他实际上有何经历。目前我们只能从他的话里，断言出他与父母并未合作。

“工作约一年后，我迷上一个喜欢享乐挥霍的女孩。”

我们经常在罪犯的生涯里发现这种情形：他们迷恋上挥霍无度的女孩。记得我们先前提过，这是一个合作程度的测试。他迷上一个喜欢享乐的女孩，但他每周只有五角零用钱。我们几乎不能称这叫爱情，而且，还有其他女孩。他未走上正轨。换成是我的话，我会对自己说：“如果她跟我一起只是想挥霍，那么她就不是我要的女孩。”这就是面对人生重要问题时不同人的衡量。

你一个星期只有五角钱，你无法给一个女孩金钱挥霍，连带她到镇里玩玩都做不到。家里的老头不会给更多的钱。你很生气，心里不停想着：如何能赚更多钱?

一般人会说：“或许你可以找一个可以赚更多钱的工作。”但他想要赚得轻松一点，如果他希望有个女朋友，也是为了自己的快乐，不为其他。

“有一天镇上来了一个男人，我跟他相熟起来。”

镇上出现一个陌生人对他是另一项考验。一个有正确合作能力的男孩不可能受人怂恿而堕落，但这个男孩却选择这条路。

“他是一个非常聪明的小偷，一个在偷窃这行里非常有智慧、有能力的家伙，他很懂得怎么跟你‘分赃’，绝不会让你失望。我们在镇上干下不少案子都能全身而退，从此以后我就加入偷窃这一行。”

我们知道他父母住的房子是自己的。父亲在一个工厂里当工头，全家收入只够收支平衡。这个男孩是三个孩子里的一个，在他开始偷窃前，其他家人从未做过不当行为。我很好奇相信犯罪跟遗传有关的科学家会怎么解释这个个案。这个男孩坦承他十五岁第一次有性经验。我确定有些人会说他纵欲过度。但这个男孩对别人没兴趣，他只想追求自己的乐趣。每个人都可能纵欲过度。实际上他是以此方式来寻求赞美，他想做一个性英雄。

十六岁时他跟一个同伙遭逮捕，被控以闯入民宅偷窃的罪名。接下来的一些细节描述确认了我们的猜测。他想让自己看起来很成功，吸引女孩的注意，靠花钱来赢得她们。他戴一顶宽边帽，结一条红色三角领巾，腰上系一条上面配左轮手枪的皮带。他给自己取了一个美国西部野马的名字。他是一个自负的男孩，他想要看起来像个英雄，但他不知道其他方法。他直言不讳犯下的所有罪行："还有更多！"他毫无顾忌别人有财产权。

"我不认为人生值得活此一遭。在人性里，我除了卑鄙无耻外什么都没有。"

所有这些有意识的想法，实际上都是无意识的，他不了解它们实际上有何意义。他感觉生命是一个负担，但他不了解自己为何如此沮丧的原因。

"我学会不要相信人。他们说窃贼不会彼此欺骗，但他们会。我曾经跟一个家伙一起作案，我公平待他，但他却卑鄙待我。"

"如果我拥有想要的钱，我就会跟其他人一样诚实。也就是说，拥有足够的钱让我不用工作。我从没喜欢过工作。我痛恨工作，如果可以，我永远不想工作。”

我们可以把这席话做此诠释：“压抑让我犯罪。我被迫压抑我的欲望，所以我才会犯罪。”这点值得我们深思。

“我从未为了想犯罪而犯罪。当然一定有某个‘刺激’驱使你开车到某个地方，做下案子，然后扬长而去。”

“被捕前我已经拥有价值一万四千块钱的珠宝，但我太笨，为了去找女朋友，我拿出部分珠宝换现，结果才会被捕。”

这些人用钱换取女朋友的欢心，借以轻易获得一种胜利。他们把它当成真正的性凯旋。

“监狱设有学校，我要获得所有我能够得到的教育，不为改过自新，而是让我变得对社会更危险。”

这表达出他对人类抱持相当恶毒的态度。他不想跟其他人扯上关系。他说：“如果我有儿子，我会把他的脖子扭断。你以为我会内疚自己帮这个世界带来一条生命吗？”

现在我们如何让这么一个人改过向善呢？除了改善他的合作能力，和让他明白他错估生命的意义之外，我们别无他法。唯有把他在童年里产生的误解追踪出来，我们才能够说服他相信。我不知道这个个案里的男孩后续发展如何。它里面描述的内容，并未说出最关键的重点。他童年里一定发生过什么事件，导致他如此敌视人群。若要我推测，我会认为他是家里的老大，一开始他获得父母很多的注意和爱，但后来有另一个小孩出生，让他感觉地位被抢走。假如我的推断正确，你就会发现，即使像这样的一件小事，都能阻碍小孩合作能力的发展。

之后约翰叙述他在监狱学校里遭受粗暴的对待，于是他带着一股更痛恨社会的感觉辍学。在这里我不得不做些说明。站在个体心理学的观点来看，施予严厉对待无异是对罪犯公开挑衅，是对他们力量的一种考验。如此一来，当罪犯不停听到人们说“我们必须终止犯罪”的话时，他们把这话视同挑衅。他们想当英雄，他们乐见别人对他们施出铁腕。他们感觉社会在挑战他们持续为非作歹的胆气，于是他们更具决心继续作奸犯科。如果一个人感觉他在跟全世界作战，除了挑衅外还有什么能更“刺激”他的呢？

问题儿童的教育也一样，挑衅他们是我们犯下的最大错误之一。“我们来瞧瞧谁比较强吧！我们来比比谁能撑得比较久！”这些小孩就跟罪犯一样，沉醉在逞强斗勇的感觉里。他们知道只要够聪明就能成功逃脱处罚。监狱和拘留中心的员工有时会挑衅罪犯，这是一个非常有害的措施。

现在让我们来探讨一宗杀人的个案，杀人犯已遭绞刑处死。他残酷杀害了两个人，犯罪前他写下杀人的意图。这让我有机会了解罪犯在策划犯罪时抱持着什么心态。没人能未经事先策划就径自犯罪，策划为犯罪行为提供辩解。我从未能在这类告白的文献里，找到一宗动机单纯的犯罪案例，而且我从未找到一宗罪犯不为本人辩解的个案。

在这里我们了解社会感的重要性，即使罪犯也必须先对它做一番自我调解。在此同时，他必须准备扼杀自我的社会感，在犯罪前摧毁社会感的围墙。就跟陀思妥耶夫斯基（Dostoevsky）《罪与罚》（*Crime and Punishment*）书里的主角拉斯科尔尼科夫（Raskolnikov）一样，他在床上躺了两个月，仔细思索自己该犯罪与否。他不断要自己想着一个问题："我是拿破仑，或是一只跳蚤呢？"罪犯自欺欺人，拿这类的幻想自我刺激。实际上，每一个罪犯都知道他没有有用的生命，也明白一个有用生命的意义是什么。不过由于怯懦，所以排斥它。他之所以怯懦是因为缺乏成为有用生命的能力。解决生命问题需要合作，但他从未接受过合作的训练。年纪渐长后，罪犯想卸除掉他们的负担，如我们解释过的，他们为自己辩解，找一个可斟酌的情形为自己抗辩。

以下内容节录自上述双重杀人犯的日记：

"我被人群摒弃，我象征丑陋和耻辱（他天生鼻子变形），我的悲惨让我几乎难以承受。再没理由让我继续甘于忍受。我感觉自己再也承受不住。或许我能在被遗弃的状况里默默死去，但我的胃，我那空荡的胃无法保持缄默。"

他在这里为自己制造辩解。

他们预言说我会受绞刑处死，我忽然想起："我饥饿致死或遭绞刑处死，又有何区别呢？"

在另一个个案里，妈妈对她的儿子预言说："我确定有一天你会把我勒死。"结果这个男孩在十七岁时勒死他的妈妈。预言和挑衅属于同种行为。日记继续写道：

"我不在意结果如何。无论如何我都难逃一死。我什么都不是，没人会跟我扯上关系。我喜欢的女孩一看到我就避之不及。”

他想要吸引这个女孩的注意，但他没有光鲜的衣着，没有钱。他把这个女孩视同一件财产，这是他解决爱和婚姻问题的方法。

“无论自我解救或自我毁灭，结果都一样。”

在这里我会说，虽然我希望有更多的解释空间，所有这类人都喜欢走极端或做正反对照。他们就像小孩一样无知。若不是一切，就是一无所有，在两个极端间选择：“饿死或受绞刑处死，解救或毁灭”。

“一切计划在星期四动手。受害者已选定。我在等待机会。当时机成熟，它会是件不是每个人都能做到的大事。”

他自以为是英雄：“可怕厉害至极，不是每个人都能做到。”他抽出一把刀，偷袭、杀害一个男人。“不是每个人都能做到！”

“饥饿的苦痛好比牧羊人驱赶他的羊群一般，驱赶人犯下最邪恶的罪行。也许我会看不见明天，但我不在意。这世上最糟糕的事情，就是遭饥饿凌虐。一种不治之症一直在啃噬着我。我最后的痛苦会在审判之时到来。一个人必须为他的罪行付出代价，但死总比挨饿好。如果我饿死，没人会注意到我。如今人群会聚集在我的绞架台下，或许某个人会为我遗憾。我一定要执行我计划要做的事情。从没人能像我今夜这般恐惧。”

所以他并不是他自以为是的英雄！他在内心交战时说：“虽然我未直刺他的心脏，但我的确谋杀了他。我知道我注定要死在绞刑台上。但这个男人身上的衣着是如此华丽，我知道我永远也穿不到那种衣裳。”他不再说饥饿是他的动机，现在动机已经变成衣服。

“我不知道自己在做什么。”他抗辩说。你总会找到这类说词，无论它是哪一种形式。有时候罪犯在犯罪前会先喝得神智不清。所有的行为，不过证明他们要摧毁自己社会感的围墙有多么困难。我相信每一个罪犯的自述，都能证明我在这里指出的观点。

◎合作的重要性

现在让我们回到先前提及的主题：每一个罪犯、每一个人类，都在努力求取胜利，达成优越的地位。然而，目标间有许多差异，我们发现罪犯的目标是在寻求一个他自以为是的优越。一个他努力不为别人做任何贡献的目标。也就是他不合作。

一个罪犯的目标并不包括要对社会有用，对每一个罪犯来讲，实际上这是意义最重大的一面。我们将在后面说明这点。在这里我要强调，如果我们想要了解罪犯，首先必须找出他在合作方面失败的程度，以及何以失败的原因。

罪犯合作的能力各有不同。有些人的失败不如其他人严重。比如有些罪犯只是轻型犯罪，他们不允许自己跨越重型犯罪的门槛。有些则偏爱重型犯罪。有些是犯罪主犯，有些只是跟从的喽啰。若要了解罪犯在犯罪工作上的差异，我们必须检视他们各自的生活风格。

人格，生活风格与三项工作

我们可以在一个人只有四五岁的时候，看出他生活风格的主要特征。因此，我们要改变一个人的生活风格并不容易。它代表一个人仅此唯一的人格，只有在一个人认清自己建立的错误后才能够改变。所以，我们能够开始了解，许多罪犯尽管多次遭受刑罚，却继续羞辱、藐视剥夺社会里的每一件好事，他们的作风和行径不改，继续一而再、再而三地犯相同的罪。

他们并不是碍于经济压力才犯罪。千真万确，如果国家经济困难，人民生活困苦，犯罪率就会上升。统计数据显示，有时候犯罪率随着麦价上扬升高。然而，这并不保证所有犯罪皆跟经济状况有关。它是许多人的行为受到限制的征兆。他们的合作能力有一个限度，到达这个限度时他们就无法再贡献，他们丧失最后仅存的一丝合作能力，于是开始犯罪。我们亦从其他事实里发现，有许多人身处在有利状况时就不会犯罪，但假如有一个问题发生，而他们尚未准备好面对时，就可能转而犯罪。这是他们的生活风格，他们面对生命问题的方式，这点非常重要。

在所有的个体心理学研究后，至少我们能够澄清非常简单的一点。一个罪犯对别人没兴趣。他只有一定程度的合作能力。当他把自己的这份能力消耗殆尽，他就开始犯罪。当出现问题而他难以解决的时候，更会导致犯罪。思考一个罪犯无法成功解决哪些生命问题很有趣。毕竟，除了社会问题以外，我们一生并没有其他问题，而唯有对他人有兴趣，这些问题才能圆满解决。

诚如在第一章里简短介绍过的，个体心理学教导我们把生命问题区分成三大类。首先是我们跟他人关系的问题，也就是伙伴关系的问题。罪犯有时候有朋友，但只局限于同类。他们能够组党结派，甚至表现出对另一个人的忠诚，但他们明显缩小了活动的范围。他们无法跟大社会里的人，跟正常人结成朋友。他们表现得像是住在陌生土地上的陌生人，不知道如何跟其他人群自在相处。

第二类问题跟工作有关。许多罪犯在被问及这些问题时回答说："你不知道这里的工作情况有多糟糕。"他们发现工作无趣，而且往往不像其他人那样努力解决工作上的困难。一个有用的工作表示对其他人有兴趣，对他们的福祉有一丝贡献，不过这正是罪犯人格上缺乏的东西。这股欠缺合作的精神从小便已开始，所以大多数罪犯难以满足工作上的要求。若回顾他们的生活，你会发现他们在上学时，甚至在上学前就有一道阻碍，阻挡了他们对别人感兴趣，而不愿跟别人合作。合作这个东西必须借由教育才学得会，这些罪犯从未接受合作训练。因此，若他们解决不了工作的问题，我们不能怪罪他们。如果我们对他做这项要求，就像是给一个从未学过地理的人做地理考试一样。在这种情况下，我们要不是收到错误的答案，就是没有答案。

第三类问题包括所有跟爱情有关的问题。一个良好和丰硕的爱情关系，需要双方对彼此有兴趣，并充分合作。观察结果显示，在监狱或拘留中心受刑的罪犯里，有半数患有性病。这显示他们想以轻松方式解决爱情问题。他们仅把伴侣当成一件财产，以为可以用钱买到爱情。对这种人来讲，性不过是一种征服和获得，性是他们用来拥有对方的方式，而不是一个终生关系的一部分。“如果获得不了我想要的一切，”许多罪犯说，“人生又有什么用处？”

面对生命问题却欠缺合作精神导致最大的挫败。我们每天无时无刻不需要合作，我们说话、聆听和观看的方式，显现出我们的合作能力。假如我的观察正确，罪犯说话、聆听和观看的方式跟其他人不同。他们有不同的语言，他们智能的发展多半因这个不同而出现残障。我们说话是要让每一个人都能了解。了解本身是一种社会功能。我们给予语言一个共同的诠释，我们对语言的了解，正如同其他人对语言可能的了解。罪犯就不同了，他们有一种私人式逻辑，一种私人式的智慧，我们可由他们解释犯罪的方式观察出这点。他们不是愚笨或智障。假如我们给他们一个自以为优越的虚幻目标，大多数情况下，他们都能做出相当合理的结论。

一个犯人可能说：“我看见一个男人穿着一条很好的裤子，而我一条好裤子都没有，所以我必须杀了他。”如果我们同意他的说法，相信他的欲望最重要，他不需要以有用的方式谋生，那么他的结论就很合理，但它却不是常理能够认同的。匈牙利法院最近有一件起诉数个女人连续用毒杀人的案例。其中一个女人说：“我的儿子生病又好吃懒做，所以我必须把他毒死。”如果她儿子拒绝合作，她能怎么做？她很聪明。但她看待事情的方式不同，对生命的观点不同。所以，我们能够了解，看见漂亮东西、并想以轻松方式拥有的罪犯，会认为他们必须把这些东西由充满敌意的世界、一个他们没兴趣的世界里取走。他们的犯罪和苦难来自对生命意义的误解，对自我和他人重要性的错误衡量。

◎合作的早期影响

家庭环境

有时候我们必须要父母负责。或许母亲技巧不够，无法让小孩跟她合作。或许她以为自己做母亲的能力毫无怀疑余地，没人可以帮助她，或她本身无法跟人合作。我们很容易由不快乐或破碎的婚姻里，看出伴侣缺乏适当的合作精神。小孩首先跟母亲产生关系，也许母亲不希望扩展小孩对社会，包括父亲和其他小孩、大人产生兴趣。

或者，小孩可能感觉他是家里的中心。当他三或四岁时，有另一个小孩出生，排行老大的他感觉挫败。他感觉地位被抢走，他拒绝跟母亲或弟妹合作。这些是所有我们需要思考的因素，假如追溯一个罪犯的成长背景，我们几乎都会发现他在早期的家庭经验埋下日后惹麻烦的种子。问题不在家庭环境本身。小孩误解他在家庭里的状况，但却没人在旁给他解释并澄清他的误解。

家庭里若有一个小孩特别蛮横或聪敏，则对其他小孩不利。这个小孩吸引父母大部分的注意力，使得其他小孩感觉沮丧和失败。他们不合作，他们希望竞争，但却没有足够勇气付诸行动。

我们经常遇到感觉自己相形见绌，但没人在旁加以辅导，而发展不良的小孩。这些小孩长大后可能成为罪犯、神经症者或自杀。

一个小孩如果缺乏合作精神，我们能够从他第一天上学的行为里，观察出他的这项短处。他无法跟其他小孩做朋友。他不喜欢老师，不专心听课。此外，如果他未得到老师的了解和体谅，可能又是另一个新的挫败。假如他不是受到鼓励和被教导合作，反而经常挨骂和受责备，难免会认为功课和上学较以往更无趣！如果他在学校勇气和自信一直受打击，就不会有兴趣上学。我们经常发现罪犯在约十三岁的时候学习成绩不好，而且总被老师说成笨。这埋下他日后犯罪的种子。他逐渐对别人失去兴趣，往生命无用的一面发展，变成反社会分子或不受欢迎的人物。

贫穷

贫穷也能让人对生命产生误解。一个来自贫苦家庭的小孩可能遭社会歧视。他的家庭遭受许多剥夺，他们有许多考验和悲伤。他可能自小就必须外出工作帮助家计。之后他看到富裕人士生活舒适，有能力购买想要的东西，他感觉他们无权享受比他幸福的生活。我们不难了解大城市犯罪率为何如此之高，因为大城市明显反映出赤贫和奢华两个极端。忌妒永远制造不出有用的结果，但身处这类状况的小孩很容易产生误解，以为不劳而获得到金钱就能占得优越。

生理缺陷

自卑感也可能萦绕着一个生理有残障的小孩。这是我的发现之一。在这方面我感觉有点内疚，因为这等于是为神经病学和精神病学的遗传理论铺好道路。但在一开始之初，当我写下器官劣等感（生理缺陷）和个体精神补偿作用的观点时，就已意识到这个危险。我们不能归咎残障本身，实际该负责的是我们的教育方式。如果我们的教育方式正确，生理有缺陷的小孩一样能对自己和别人感兴趣。一个背负身体残障的小孩，只有在没人在旁支持他、指导他发展对别人的兴趣下，才会变得以自我为中心。

社会缺陷

罪犯里有一大部分是孤儿，这似乎是在指控我们的文化并未给这些孤儿灌输合作的精神。他们里也有许多是非婚生子女。他们没有赢得爱，也没人教导他们去爱其他人类伙伴。弃儿经常走上犯罪之路，尤其是在他们知道并感觉没有人要他们的时候。在罪犯里，我们也经常发现长相丑陋的人，这个事实一直被用来作为犯罪跟遗传有关的证明。请想想一个长得难看的小孩心里会有何感受！他的情况最为不利。也许他的父母基因组合刚好制造出他不讨喜欢的外表，或他的长相刚好符合社会歧视的标准。如果一个小孩总听到别人说他长得丑，这会妨碍他的一生。他并未拥有我们都如此珍视的东西——一个美好快乐的童年。但这些小孩只要获得正确对待，他们就能发展他的社会责任感。

然而，有些观察很有趣，有时候我们会发现长相异常好看的罪犯。外形不讨喜欢的罪犯，或许他们遗传了实际的生理缺陷，比如手部变形或缺唇等，当他们可能是受遗传之害才犯罪的同时，我们要如何解释长相好看的人也会犯罪呢？实际上，他们也是在一个难以发展社会兴趣的状况下长大，他们是被宠坏的小孩。

◎解决犯罪问题的方法

我们能做什么？这是问题所在。如果我的观点正确，如果我们发现犯罪是由于个体缺乏社会兴趣和未受合作训练，为满足自以为是的优越目标而起，我们能做什么呢？对于罪犯以及神经症者，答案除了能够成功取得他们的合作外，我们别无其他解答。我不得不强烈强调这点：如果我们能使罪犯对人类福祉产生兴趣，如果我们能够让他对别人感兴趣，如果我们能够训练他合作，如果我们能够让他以合作的方式解决生命问题，我们就是成功的。如果不这么做，我们别无他途。

如今我们明白处理犯罪问题该由何处开始着手。我们必须训练罪犯合作。只把他们关在监狱里达成不了多少效果，但释放他们对社会太危险，而且在目前情况下，我们甚至连想也不敢想这个方法。社会必须受到保护，但这不是唯一的方法。我们亦必须思考：“他们尚未准备好社会生活，我们该如何帮助他们？”

这个工作做起来并不像听起来那么简单直接。无论善待或虐待他们，我们都不能赢得他们的合作。指出他们错在哪里并跟他们大肆争论，我们也得不到他们的合作。他们的扭曲的心态已经难以改变。他们以这种方式看待世界已行之有年。如果要让一个罪犯改变，我们必须找出造成他观念的根源。我们必须找出他开始失败的地方和诱发他走上邪路的状况。人格的主要特征在四五岁时便已建立完成。那时他对自我和世界评估上的错误就已形成，直到他犯罪才显现出来。我们必须了解和纠正的，就是他这些早期的错误。我们必须找出他看待生命态度的第一个发展。

之后，他把每一个经验转变为这个态度的辩解。如果他的经验不是相当符合计划，他就加以想象和塑造，直到它们较有修正余地为止。如果一个人对生命的态度是："其他人羞辱我，恶劣对待我"，他就会找许多证据确认这个观点。他会找寻证明他的观点正确的事件，忽视所有相反的证据。一个罪犯只对自己和自己的看法有兴趣。他有自己观看和聆听的方式，经常对不同于他的生命价值诠释的事情视若无睹。因此，除非能挖掘出所有他对自己看法的形成原因，以及找出他首先开始这个态度的方式，不然就无法说服他。

体罚的缺失

体罚只会使得罪犯更相信社会与他为敌，所以发挥不了任何功效。他未受过合作训练，所以工作上表现差劲，或在班上调皮捣蛋。接着他遭受责骂和惩罚。这样能激励他合作吗？他只会比以往更绝望。他感觉人们与他作对。当然他会痛恨上学。毕竟没有人喜欢只会遭受责骂和惩罚的场所吧？

小孩丧失每一丝自信。他对学校功课、老师或同学没兴趣。他开始逃课，躲藏在没人找得到的地方。他在这些地方找到跟他经历相同、跟他走相同路的其他小孩。他们了解他，他们不会责骂他。相反地，他们夸赞他，煽动他的野心，使他兴起以反社会的方式出人头地的希望。当然，他对社会要求没兴趣，他把他们当成朋友，把社会视同他的敌人。这些人喜欢他，跟他们在一起他感觉舒服些。如此一来，数以千计的小孩加入犯罪团伙，之后我们若以相同方式对待他们，只会加深他们认为我们是敌人、罪犯才是他们的朋友的信念。

我们应该永远不让他失去希望，只要我们建议学校给予这种小孩鼓励，并协助他们恢复自信，就能轻易防止上述情况发生。稍后我们会更详细介绍这个建议。目前我们只把它用来说明一个罪犯会把惩罚当成社会与他作对的征兆，跟他一向想的一样。

体罚所以无效还有其他原因。许多罪犯并不重视他们的生命价值。有些人濒临自杀边缘，体罚甚至死刑对他们一点儿也不可怕。他们深深执迷于凌驾警察的欲望，甚至感觉不到疼痛。这是他们面对挑衅时整体回应的一部分。如果监狱干警对罪犯严厉以待，他们就更加奋发抵抗。这更增强他们聪明过警察的感觉。

如我们了解的，他们以此方式诠释一切。把跟社会接触视同一场不停争取自我优越的战事，如果我们卷入这场战争，只会被他们玩弄于股掌之上。即使电椅也可能变成他们的挑战。罪犯自欺欺人，他们好像在跟可怕的事情抗战。惩罚程度越高，他们争取优越的欲望越高。一个死刑犯在坐上电椅受刑前，经常会花几小时思索自己如何可能不被捕："如果我不回去找眼镜就好了！"

合作训练

我们已指出小孩没理由应该感觉挫败、有沉重的自卑感以及认为合作毫无用处。没人需要被生命的问题打败，一个罪犯用错误的方式处理这些问题，我们必须找出他为何做错误选择和错在哪里，而且我们必须鼓励他鼓起勇气，对别人产生兴趣和合作。假如这项计划在各处实行，罪犯自我辩解的理由就会消失，也没有小孩会训练自己在未来犯罪。在所有的犯罪个案里，无论它们的描述正确与否，我们都能够看到罪犯深受童年错误的生活风格也显示出被缺乏合作能力的哲学所影响。

我们必须学习这个合作能力，毋庸置疑地，它必须像遗传因子代代相传。每个人都有合作潜能，这份潜能必须视为与生俱来，也必须训练和练习才得以发展。对我而言，其他所有有关犯罪的观点纯属无稽之谈，除非有证据显示接受合作训练的人依然犯罪。我从没遇过这样的人，也从没听说有人遇过。适当防范犯罪就是要发展适当的合作程度。如果没认清这一点，我们就无法避免犯罪悲剧的发生。

教导合作的价值跟教导地理知识一样，因为它们都是真理，我们能够传授真理。如果一个小孩或一个大人要考地理，但他却尚未准备好，那么他一定不及格。如果一个小孩或一个大人面对考验，通过这道考验需要有合作的知识，但他尚未准备好合作，那么他必定失败。若要解决人生所有的问题，我们需要合作的知识。

对犯罪问题进行的科学研究进行到尾声，现在我们必须有足够勇气面对这个真理。几千年来，人类尚未找到解决犯罪问题的正确方式。所有使用过的措施似乎都无效，犯罪这个灾祸依然紧随我们。我们的研究业已告诉我们原因：我们从未采取正确步骤改变罪犯的生活风格，防止他们错误人生态度的发展。若缺乏这些，没有一个方法能够实际有效。因此，我们必须知道怎么做，我们必须训练罪犯合作。

我们拥有知识，现在也有了经验。我深信个体心理学告诉我们如何让每一个罪犯改过自新。但思考一下，要处理每一个罪犯，并以此方式转变他们的生活风格，这个工程是何等巨大啊！很不幸，在我们的文化里，大多数人在困难超过某一限度时，合作的能力便已消耗殆尽，而且我们发现在时机艰难时，犯罪的人数往往就跟着增加。因此，我相信若要以此方式彻底杜绝犯罪，就必须教育绝大部分的人类，而且若以为借此方式就能对每一个罪犯或可能的罪犯产生立竿见影的效果，以为他们马上会变成社会里有用的一分子，这种想法并不实际。

一些实用方法

然而，还有许多我们能做的事情。我们可能矫正不了每一个罪犯，但我们能够减轻那些不够坚强的人的包袱。拿失业和缺乏工作技能的人为例，我们应该让每一个想工作的人都有工作做。

这是唯一能让人明了我们的社会对生命有何要求的方式，如此一来才能保障大部分人不丧失仅存的最后一丝合作能力。如果我们做到这点，犯罪人数一定会减少。我不知道改善我们经济状况的时机成熟与否，但一定要为这个改变努力。

我们也应该训练小孩，让他们未来面对工作时有更佳的准备，如此他们就能够准备好面对人生，有更广泛的工作选择。我们也能够在监狱进行这种训练。目前监狱已朝此方向进行部分训练，我们需要做的就是努力加强。另外，若能对他们进行团体教育会有极大助益。举例而言，我会建议应该把几个罪犯编成一个小团体，让他们针对社会问题进行团体讨论，让他们思考和回答。我们应该启发他们，把他们由幻梦里唤醒。我们应该消除自以为是的生命价值诠释，以及贬低自我能力对他们造成的有毒影响。我们应该教导他们不要自我设限，抚平他们面对状况和社会问题的恐惧。我非常确定借由这些方式，就能达成极大的效果。

我们也应该避免在社会产生任何足以引诱罪犯的诱惑。社会里赤贫和奢华过于明显，可能激怒贫穷人士并激起他们的忌妒心。因此，我们应该削减社会虚饰的外表。一个人不需要炫耀自己的财富。

我们已经了解严苛对低能儿童和流氓小孩而言等于是在挑衅他们的力量，所以毫无成效可言。他们以为自己在跟环境作战，以一种负面和悲观的态度顽强抵抗。对罪犯道理亦同。放眼全世界，我们能够看到警察、法官，甚至我们制定的法律在挑衅罪犯，把他们加以手镣脚铐关入监狱。罪犯永远不该受威胁，若我们更谨慎，不提及罪犯的名字，或不给他们如此大肆宣传会更好。我们以人性化的方式对待罪犯的态度是做得不够的。我们不该相信严苛或仁慈待遇能改变罪犯。一个罪犯只有在更了解自己后才能改变。当然我们应该秉持人道，不该以为死刑能让罪犯心生戒惧。如我们所了解的，死刑只会提升罪犯玩游戏的兴奋度，甚至死刑犯在被处决时，他们心里也只认为自己所犯下的致命错误就是被捕。

就我的了解，至少有40%的罪犯，或许更多，成功逃脱被抓的命运，每一个罪犯心里总想着如何不被抓。几乎每个罪犯都有犯罪但未被查获的经验。我们在这方面业已取得部分进展，正朝正确方向前进。我们不该羞辱或挑衅监狱囚犯，这对出狱后的罪犯也很重要。如果派任适当人选，加强释放后的教育工作，对他们也会有帮助。假释官本身应该要了解社会问题和合作的重要性。

一个预防措施

如果上述建议皆获得采纳和实施，就能收到极大成效。然而，减低的犯罪人数依然可能不如预期。幸好我们还有另一项建议，这套方法非常实用。假如能够训练我们的小孩正确的合作，如果能够发展他们的社会兴趣，犯罪人数便能大幅减少，而且我们在不久的未来就能看见成效。这些小孩不会受怂恿或诱惑去犯罪。无论他们遭遇什么麻烦，他们对别人的兴趣都不会遭彻底摧毁。跟我们这一代相比，他们合作与适当解决生命问题的能力，会获得更充分的发展。

大多数罪犯很小就已开始犯罪。大致上，他们的犯罪是在青春期开始的，其中又以十五到二十八岁年龄层犯罪率最高。所以，我们很快就能看到成功。此外，我相信如果小孩获得正确教育，他们会影响整个家庭生活。独立、勇敢、乐观和良好发展的小孩，是父母的得力助手和安慰。合作精神会传遍整个世界，人类社会的发展会往更高层次提升。在我们影响小孩的同时，也应该要全力影响老师和父母。

如今唯一剩下的问题是，我们如何选择最佳攻击点，我们要采取什么方式，教导小孩勇敢面对一生可能遭遇到的工作和问题。我们能教育和训练全天下的父母吗？不可能！这个措施不能给我们多少期望。我们难以接触到父母，而且最需要教育和训练的父母我们往往看不见。所以我们必须找寻另一个方式。或许我们可以抓来全天下的小孩，把他们关起来随时监督和小心保护？这个建议似乎也好不到哪里去。

然而，有一个实用和绝对有效的方法。我们能够让老师来促进我们社会的进步。我们能够训练老师矫正家庭的错误，发展并扩展小孩的社会兴趣和关心别人的幸福。这是学校所扮演角色的完全、自然的发展。由于家庭无法提供小孩面对日后生命问题所需的全部教育，所以人类才会建立学校作为家庭的延伸。因此，何不利用学校，教育人类更具社会性、更合作、对人类共同福祉更有兴趣呢？

我们的活动必须根据以下想法进行。我将对它们做简短说明。所有我们在文化里享受到的好处，都是前人努力贡献的结果。如果个体未合作，对他人没兴趣，未对人类全体做出任何贡献，他们的生命便毫无价值、毫无用处，他们由地球表面消失，未留下任何痕迹。只有那些有贡献的作品留存下来。他们的精神长存，他们的精神永恒不朽。如果我们用这个作为教育小孩的基础，他们在成长的过程里会自然而然地喜欢合作。遭遇困难时他们不会脆弱，连最艰难的问题都能坚强面对，并以一种能够裨益社会的方式，把问题和困难加以解决和克服。

第十章
工作问题

◎平衡生命的三项工作

围绕人类的三个限制提出了三个生命问题，这些问题没有一个能独立解决。要解决任何一个，都会跟另外两个问题扯上关系。第一个限制，涉及工作问题。我们同住在地球上，用它所有的资源、肥沃的土壤、矿产和它的气候和大气层。帮这些问题找出正确答案是人类一直以来的工作，尽管到了今天，也还不能确定已找到满意的解答。在每一个时代里，人类解决这些问题只到某种程度，我们总还有进一步改善和达成更好成就的空间。

解决第一个问题，也就是工作问题的最佳方式，源自第二个问题，也就是社会问题的解决方法。第二个围绕我们的限制，指出我们同属人类，我们的生活有必要跟他人发生关系。总必须考虑其他人，适应生活里有他人存在，并让我们自己对他们发生兴趣。解决这个问题的最佳方式是友谊、社会感和合作。有了解决第二个问题的方法后，就能成功找到解决第一个问题的方法。

人类由于懂得合作，才能有“分工”这个大发现，一种人类福祉获得保障的发现。如果每一个个体在地球上独力奋战，不利用合作和前人合作所留下的成果，生命就不可能延续。透过分工合作，我们能够利用许多不同训练的成果，组织许多不同的能力，它们能对人类共同福祉贡献，在纾解人类不安全感的同时，亦增加社会所有成员工作的机会。但我们的确未能宣称我们业已达成能够完成的一切；我们也不能说我们的分工合作业已充分发展。况且，每一个解决工作问题的方法必须在人类分工合作以及分享贡献的框架里进行。

有些人试图逃避工作问题，企图不工作或忙碌于人类通常兴趣以外的领域里。然而，我们总会发现，如果他们回避这个问题，实际上等于不断要求同伴给他支援。无论如何，他们将依靠其他人的劳动生活，自己并未做出一丝一毫的贡献。这就是被宠坏小孩的生活风格：只要有一个问题发生，他就要求其他人努力帮他解决。被宠坏小孩最妨碍人类合作，并把不公平的负担丢给努力解决生命问题的人承担。

第三个限制是，我们只能够是男性或女性。我们延续人类生命的工作，完全依靠性别角色来达成。这个两性关系也代表一个问题，好比生命的其他问题，绝不可能单独解决得了。若要成功解决爱和婚姻的问题，那么拥有一个能贡献社会福祉的工作，跟他人保持良好、友善的接触就绝对必要。如我们已经了解的，解决这个问题最令人满意、最能满足社会需求和分工合作的方式，就是一夫一妻制。

这三个问题从不单独发生，它们互相影响，一个问题获得解决，就协助另一个问题的克服。其实那是同一状况和问题的不同面——一个人在他的环境里生存和延续生命，绝对必须面对的问题。

有时候一个人用工作来作为逃避社会与爱的借口。在社会里，常有人用工作很忙做理由逃避爱和婚姻的问题。有时候，工作被用来作为婚姻失败的借口。一个有工作狂的男人认为："我没多余时间给婚姻，所以婚姻不快乐不是我的责任。"神经症者更会逃避社会和爱的问题。他们根本不去接近异性，对其他人不感兴趣，但他们不分昼夜忙于工作。他们用想象、睡梦来解决问题。他们拼命工作，思想陷入高压状态，神经症症状在大压力下浮现出来，比如胃痛或其他类似的毛病。接着他们拿胃痛作为回避社会和爱的借口。有人则总是不停换工作，以为另一个工作比较适合他，事实是他无法坚守同一个工作岗位，他必须一直换工作。

◎早期训练

家庭与学校的影响

母亲首先影响子女工作兴趣的发展。小孩头四五岁里的教育和训练，对他日后长大后要从事的活动，具有决定性影响。如果有人找我做职业辅导，我会先问清楚他在四五岁时最有兴趣的活动是什么。他在此期间里的记忆显现出他持续接受的训练，它们显示出他的理想、他的思想如何跟活动调和。稍后我们会再来探讨初始记忆的重要性。

学校负责下一步的训练工作，目前我们的学校更加注意学生未来的工作生涯，训练学生的手、耳和眼，还有他们的才能。这类训练跟学术科目教育一样重要。然而，我们不该忘记学术科目教育对小孩的生涯发展也很重要。虽然我们经常听到有人说，他们把学校学的拉丁文或法文给忘光了，但教育这些科目依然是正确的。根据以往累积的经验发现，学习所有这些学术科目，是训练心灵功能的绝佳方式。有些现代学校也非常注意学生技艺和工艺教育，以此方式，我们能够开阔小孩的视野，丰富他的社会实践能力，加强他的自信心。

修正潜在错误

有些人做过许多不同行业，但从未满意过任何工作。他们要的不是事业，而是一个能够轻松获得自我优越的保证。他们不想面对生命问题，觉得人生有问题是件很不公平的事。他们是要求别人支持的被宠坏小孩。

有些小孩从不希望居于领导地位。他们主要的兴趣是寻找一个他们尊敬的领袖，一个他们能够甘心臣服于之下的人。这不是对小孩有利的发展，如果能够抑止小孩这种顺从倾向最好。假如我们未能在童年时期及时矫正，这种小孩在长大后会无法扮演领导角色，他们会选择从事最无足轻重的职位，每天做日常工作，天天照章行事。

逃避工作，心不在焉或懒散，这些错误的工作态度也是在童年早期就已开始。当我们看到这种小孩时，必须以科学方式找出犯错的原因，并尝试以科学方法来纠正他。假如我们住在一个不须工作就能获得一切的星球上，那么或许懒散就变成一种美德，勤劳反而是一种恶习。但就我们的了解，答案是我们应该工作、合作和贡献。人类一直有这个直觉。现在我们能够由科学角度更了解勤奋的必要性。

天才与早期努力

资料证明，天才自童年时期便开始了早期训练，我相信有关天才的疑问能够说明这整个主题。只有对人类福祉有伟大贡献的人才叫天才。我们无法想象一个天才死后却未留给人类任何益处。艺术是所有个体通力合作的产品，人类史上最伟大的天才提升了整个文化的层次，给社会发展带来了积极的影响。

荷马在他的史诗里提及，世界只有三个颜色，这三个颜色构成所有影像和色调。是谁教我们欣赏周围所有的色彩呢？我们必须承认，是艺术家和画家的作品。作曲家精练我们的听力。现在我们懂得以和谐的音调取代祖先粗糙的唱腔，这是音乐家贡献的结果，是他们丰富了我们的心灵，教导、训练我们的耳朵和声音。是谁加深我们的感觉，教导我们更清楚表达、更充分了解语言的呢？是那些诗人。他们丰富了我们的语言，让语言更灵活，并把它用在生命所有的目的上。

天才是人类里最充分合作的一群人，这毋庸置疑。他们在某方面的行为和态度里，或许看不出他们合作的能力，但我们能够由他们的一生清楚地看到合作。他们的合作不像其他人那么容易，因为他们选择一条艰难的道路，必须抗拒无数的障碍。我们发现大部分杰出人士都有一些生理缺陷，但他们从小就努力奋斗，并克服障碍。最清楚的事情莫过于他们的兴趣很小就已经开始，在整个童年里努力地自我训练。他们训练自己的知觉更为敏锐，让他们能够接触世界的问题并了解它们。由这个早期训练，我们能够归纳，他们的技艺和天才是自己的创作，不是天生或遗传而来的天分。由于他们的努力，之后我们才得以享有他们留下的成果。

天分的培养

早期努力为日后成功打下最佳基础。假设有一个三四岁的小女孩独自玩耍。她开始帮她的娃娃缝制一顶帽子。之后我们告诉她这顶小帽非常漂亮，并指导她能够把帽子做得更漂亮的方法。这个小女孩一定会因此大受激励。她会加倍努力改善她的技巧。但如果我们跟这个女孩说："把那根针放下！你会刺伤自己。你根本没必要做帽子。我们出去帮你买一顶更漂亮的帽子回来。"那么她就会放弃掉所有努力。如果后来我们拿这两个女孩做比较，我们会发现第一个女孩发展了她的艺术品位，非常有兴趣工作；第二个女孩不知道自己该做什么，她会认为她能买到比自制更好的东西。

◎辨识孩童的兴趣

童年时期的志愿

一个小孩若知道长大后想做什么，他的发展就简单得多。如果我们问小孩志愿是什么，他们都会有答案。不过，回答通常未经过仔细思考，当他们回答说想做飞机驾驶员或司机的时候，并不知道自己为何选择这个职业。我们的责任是分辨他们底下的动机，了解他们努力的方向，找出推动的原因，他们有什么目标以及志愿如何实现。他们回答未来志愿的答案告诉我们，似乎只有这个职业能够代表优越，我们能够由这个职业，辨识出其他能够帮他们达成目标的机会。

一个小孩到了十二或十四岁后，应该更清楚未来想从事哪一项工作，每次听到小孩到了这个年龄还不知道长大后希望做什么，总让我感到非常遗憾。他明显缺乏抱负并不表示他对什么都没兴趣。他可能野心大得离谱，但却不够有勇气说出来。在这种情形下，我们必须努力找出他的主要兴趣并加以培养。有些小孩十六岁高中毕业后，依然懵懂不知未来要做什么。他们经常是学校里聪敏的学生，但对未来的人生毫无头绪。我们可以认定这些小孩非常有野心，但实际上并不合作。他们尚未找到在人类分工合作里所扮演的角色，他们找不到能够帮助他们及时实现抱负的实际方式。

因此，问小孩未来有什么志愿很有帮助，我经常在课堂上问小孩这个问题，如此一来小孩就必须思考，他们不能不回答、不能试图隐藏答案。我还问他们选择这个职业的原因，他们的回答经常透露许多资讯。我们可由小孩未来想选择什么职业的答案里，观察出他整个的生活风格。他在告诉我们他所有努力的主要方向，以及生命里什么对他最有价值。我们必须尊重他的选择，绝不能灌输他什么工作较高级或较低级的观念。因为如果他长大后实际上有在工作，有花时间为他人的幸福贡献，那么不管从事哪一种工作，他跟其他任何人一样有用和重要。他唯一的工作是训练自己，在分工合作的框架里追求他的兴趣。

有可能绝大多数的成年男性或女性，他们的兴趣依然跟四五岁时一样，他们忘不了这项兴趣，但后来囿于经济考量或父母的压力，他们不得不选择一个不感兴趣的工作。这再次说明了童年时期的影响和重要性。

早期记忆

在做职业辅导时，应该小心把初始记忆考虑在内。如果由一个人的第一个记忆里，明显看到视觉性兴趣最能吸引他的注意，那么我们就能够归纳说，他更适合从事使用眼睛的工作。一个人可能提及的第一个记忆，是他记得有人跟他说话，他听到风声或铃铛叮当的响声，我们会认定他属于听觉类型，跟音乐有关的工作可能比较适合他。有些人的第一个记忆跟动作有关，这些人需要更多活动，或许他们对动态的、需要较多体力劳动或旅行的工作比较有兴趣。

游戏活动

我们经常可以透过观察小孩玩游戏的活动，看出他们长大后要做什么。许多小孩在游戏时显示出他们对机械或技术最有兴趣，如果未来能够依此兴趣发展，他们就能非常成功。小孩的游戏能够帮助我们洞察出他们的兴趣所在。比如一个小孩希望长大后当老师，有时候我们看到他聚集年纪比他小的小孩，玩起学校里老师教学生的游戏。

一个盼望长大后当妈妈的小女孩爱玩娃娃，她对照顾婴儿的游戏最有兴趣。我们不应该阻止她玩这个扮演母亲的游戏，不需要害怕给小女孩娃娃玩。有些人觉得，如果给小女孩娃娃玩，会造成她们跟现实脱节，但其实她们是在训练自己，认识、完成母亲的工作。从小开始这个过程非常重要，不然她们的兴趣可能转往其他方面发展。

再次强调，我们从未高估过女性透过做母亲这个工作为人类贡献的价值。如果一个母亲关心子女的生活，她会帮他们的未来铺路，让他们长大后成为对社会有用、有贡献的人，假如她扩展子女的兴趣，训练他们合作，那么，她的工作价值大得我们难以衡量。在人类的文化里，母亲的工作遭低估，它经常被视为微不足道或毫无价值的工作。它只获得间接报酬，而一个在家专职带小孩的母亲，一般被视为经济上的依赖者。然而，一个家庭的成功取决于母亲和父亲工作的平等。无论母亲专职持家或外出工作，身为母亲的工作就跟丈夫的工作一样重要。

生涯抉择的一些影响

尚未做好心理准备就面对疾病或死亡的小孩，会持续对这两件事情特别感兴趣。他们会希望长大后成为医师、护士或化学家。我相信他们的努力应该获得激励，因为我发现自小便立志当医师的医生，他们从小就开始训练自己，而且非常喜欢自己的医师工作。有时候，一个突然面对死亡震撼的小孩，能够以另一种方式补救创伤。这个小孩会发下宏愿，透过艺术或文学创作超越死亡，或者他可能变成虔诚的信徒。

小孩最常见的努力，是企图超越家里的其他人，特别是超越父亲或母亲。这种努力是非常珍贵的。我们乐见新时代的青年，他们出色的成就已超越父辈。如果一个小孩希望长大后从事跟父亲相同的工作，并希望取得比父亲更高的成就，那么父亲的经验就能提供他借鉴，让他有个绝佳的开始。一个父亲当警察的小孩，经常立志当律师或法官。假如父亲在医院任职，这个小孩就会想当医师或外科医生。如果爸爸是老师，这个小孩会想当大学教授。

如果家庭生活过度强调金钱的价值，小孩往往会误以为工作的目的纯粹就是为了赚钱。这是个极大的错误，这样的小孩长大后不会去找有兴趣并对人类有贡献的工作。每个人的确应该靠工作维生，确实也有人忽视这点，成为别人的负担。但一个小孩若只对赚钱有兴趣，很容易就脱离合作的轨道，只找寻对他最为有利的赚钱方式。如果“赚钱”是他唯一的生活风格，他没有一点社会责任感，那么为何不该靠抢劫和诈骗赚钱呢？就算不这么极端，但他对社会的兴趣依然只有一丁点，即使赚了许多钱，他的一切活动也没对社会做出任何贡献。在我们这个复杂的时代里，人有可能靠这种途径致富。有时候，靠错误途径致富的人，在某方面还被视为成功人士。我们无法保证一个以正确态度看待生命的个体就能立即成功，但我们能保证，他将继续保持其勇气和毅力，绝不会丧失他的道德和自尊。

正视解决方法

处理问题儿童所采取的第一个步骤，是找出他们的主要兴趣。透过这个过程，比较容易帮助和鼓励小孩。至于找不到工作方向的年轻人，或者年纪较大，工作屡屡失败的人，我们应该找出他们真正的兴趣，作为辅导就业的基础，同时努力帮他们找到工作。这个工作并不一定容易。今日的高失业率是我们最忧心的事情。这个状况对有心改善合作能力的人并不乐观。因此，我相信每一个了解合作重要性的人，应该致力于确保没有人会失业，每个想要工作的人都能找到工作做。

我们可以透过加强职业训练、增设技术学校改善成人教育。许多失业人士没有受过专业训练和掌握技能。或许他们有一些人曾经对社会有过一点点兴趣。社会里有未受专业训练的成员，以及对人类共同福祉没兴趣的人，这是人类的一大负担。这些人感觉自己毫无价值，因此我们可以了解，没有受过专业训练和缺乏专业技能而又失业的人，是构成很大比例的罪犯、神经症者和自杀者的原因之一。由于缺乏训练，他们被其他人远抛在后。全天下的父母和老师，以及所有关心人类发展和进步的人，应该努力确保我们的小孩获得更好的训练，让每个人都能成为人类分工合作里特别的一员。

第十一章
个体与社会

◎人类追求和谐

成为人群的一员，是人类最古老的追求。人类对其他人有兴趣，才得以成长和进步。家庭是要对他人有兴趣的必要组织。自有历史以来，人类以家庭为单位聚集成群的倾向一直延续不断。原始部族利用共同记号团结一致，产生彼此同属一族的归属感。记号的目的在促使人类以合作的方式团结和统一。

宗教信仰的角色

膜拜图腾是最简单、原始的宗教信仰。一群人膜拜蜥蜴，另一群人可能膜拜公牛或蛇。膜拜相同图腾的人聚居成群，聚落每一个成员认为自己是其他成员的兄弟。这些原始习惯是人类保持合作的最伟大方式。在这些原始宗教信仰的庆典里，以膜拜蜥蜴的人为例，他们会加入同伴，讨论丰收和如何抵御野生动物。这就是庆典的意义所在。

婚姻被视为涉及全体部族利益的大事。每个男性必须根据社会限制，由所属部族或图腾以外的社会找寻伴侣。即使到了今天，认清爱和婚姻不是个人的事，而是全体人类应该全心全意参与的共同工作，这件事依然很重要。婚姻涉及一定的责任，因为它是应社会要求的一个步骤，整体社会关切健康的小孩出生，而且他们应该在有合作精神的环境下长大。因此，全体人类应该支持每一桩婚姻。原始社会的体制，他们的图腾和为控制婚姻所精心安排的聚会，如今对我们可能很荒谬可笑，但在那个时代，这些活动的重要性决不容低估，而它们真正的目的是在增进人类的合作。

“敦亲睦邻”是宗教信仰致力推展的最重要工作。在这里我们再度以另外一种形式，为增进对人类同伴的兴趣继续努力。这也很有趣，因为现在我们能够以科学的观点确认这个努力的价值。被宠坏的小孩问道：“为何我该爱我的同胞？我的同胞爱我吗？”这显示他缺乏合作训练，而且他只对自己有兴趣。一生有最大困难和对他人造成最大伤害的，就是那些对同胞没兴趣的人。就是这些人导致所有人类的失败。有许多宗教信仰和政治团体，率先以自己的方式增进人类的合作。我个人则认同每个人应该把合作当做努力的最终目标。人类不需要互相抗争、攻诘和轻视。没人天生拥有绝对的真理，通往合作这个终极目标有许多途径。

政治和社会运动

我们知道，即使最佳的方式都可能遭政治滥用，一个人若不能带起合作，即使透过政治，他依然一事无成。每一个政治家必须把增进人类福祉视为己任，这表示他必须带动人类更高度的合作。我们经常没有能力判断哪个政治家或哪个政党能够真正促进人类的进步。每一个人根据自己的生活风格做判断。但假如一个政党能让人在它的圈子里快乐合作，我们就没理由反对。社会运动也一样。如果参与运动的人，目的是在促进小孩长大成为社会真正有用的一分子，增进他们的社会感，这些运动就可以尝试影响并改变法律到最好的程度，我们不应该否定大家的努力。阶级运动也是一种群体运动，只要它的目的在促进人类进步，我们就不应该排斥。

因此，对于所有的政治和社会运动，我们只以它们的目的是否在增进人类福祉来作为评断的基础，促进合作的方式有许多，或许有些方式较好，但只要它们是以合作为目标，攻诘任何社会或政治可能不是最好的方式，对我们也毫无用处。

◎缺乏社会兴趣与参与感

自我兴趣

我们必须探讨的问题是，人类仅以自我兴趣为动机的态度。

这种态度是个体和社会进步的最大障碍。唯有对同胞保持兴趣，我们的能力才得以发展。我们所有说话、阅读和书写的活动，都和其他人脱离不了关系。语言是人类共同的沟通工具，是社会交往和活动的产物。了解是一种分享，不是一种私人功能。了解表示每个人都能用分享的方式理解。它使我们透过共同媒介跟他人接触，并遵从全体人类的共同利益。

有些人追求自我的利益和优越。他们赋予生命一个私我的意义。在他们的观念里，生命只应该为维护自我的利益而存在。然而，这不是一个能够与人分享的了解，它是全世界没有其他人能够分享的想法。因此，我们发现这种人无法跟其他人合作。我们经常看见一个以自我为中心的小孩，他的脸上挂着鬼祟或茫然若失的表情，而我们经常在罪犯或精神病人的脸上看到类似的表情。他们的眼神显示出他们对别人漠不关心。他们看待世界的方式跟别人截然不同。有时候这种小孩或大人甚至连其他人也不看一眼，他们会转移眼光去看其他东西。

精神失常

很多神经症症状显示出与上述相同的失败，而不由自主的脸红、口吃、阳痿或早泄等症状尤其明显。这显示出患者无法与他人沟通相处，由于对别人缺乏兴趣，他们才会出现这些症状。精神病代表最高层次的自我孤立。若能唤起患者对他人的兴趣，精神病不是不能治愈，但精神病表示患者跟社会隔绝的程度，远较其他病症高，或许除了自杀以外。治愈这类病患需要极高的技巧。必须要能够让病患重拾合作的能力，唯有靠耐心、爱心和友谊才能做到这点。有一次我为一个精神分裂的女孩做治疗。她罹患精神分裂已有八年，过去两年来一直住在疗养院里。她像狗一样狂叫，吐口水，撕裂身上的衣物，还试着吃她的手帕，这些症状显示，她对别人的兴趣几乎荡然无存。她想要当狗，这点我们能够理解。她感觉妈妈待她像条狗，或许她是在说："我越看人群就越想当条狗。"我连续八天找她会谈，但她始终一个字也不跟我说。我继续找她说话，三十天后她终于开口，以一种混乱和莫明其妙的方式说话。她觉得我是她的朋友，感觉获得鼓励。

这类的病人若获得鼓励，会不知道怎么拿出勇气。她对人类的抗拒心非常强烈。某个程度上，我们能够臆测她恢复勇气后会出现什么行为，但她依然不希望合作。她就像问题儿童，会尽力惹麻烦，把手上所有能打破的东西打破，或攻击护士。有一次我找这个女孩说话时，她打了我。我必须思考我该怎么做。唯一能让女孩讶异的事情，就是不要跟她对抗或制止她。这个女孩并没有多大力气。我任由她使劲打我，并保持友善的眼光注视着她。我这个举动大出她的意料，她连最后的挑战也失去了。

她依然不知道被唤起的勇气怎么处理。她打破我办公室的窗户，拿玻璃割手臂。我并没有阻止她，只帮她包扎伤口。一般人对这类暴力行为的反应是制止她，把她送回房间关起来，但这种治疗方法是错误的。如果想赢得这类人的信任，就必须采用不同步骤。期待精神病患做出正常人的举止是最大的错误。几乎每个人都会被精神病患激怒，因为他们的举止异于常人。他们不吃东西，撕破身上的衣服等等。随他们去吧，他们爱怎么做就让他们去做。没有其他方式能够帮助他们。

这回事件过后，这个女孩痊愈了。过了一年，她依然健康正常。有一天，在去她以前做治疗的疗养院路上，我在街上遇见她。

“你要去哪里？”她问我。

“你跟我一起来吧，”我回答说，“我要去你两年前住的那家疗养院。”我们一起去疗养院，我还问医生她以前的主治大夫是谁。我提议说在我看另一个病人时，他应该跟她谈谈。等我看完病回来后，我看见这个医生一脸窘困的表情。

“她正常和健康得很呢！”他说，“但有一件事情让我很不高兴，她不喜欢我。”

偶尔我还是会帮这个女孩复诊，十年来她一直活得健康正常。她自食其力，有工作维生，跟其他人相处和睦，看见她的人没人肯相信她以前得过精神病。

夸大妄想症和忧郁症，这两个病症特别清楚地显示出患者跟他人疏离。夸大幻想症病人责难所有人群，他认为其他人都在密谋伤害他。忧郁症患者则自责，比如他会说：“我毁掉了整个家庭。”或：“我把全部的钱给弄丢了，我的小孩会挨饿。”好像有人在责难他似的，然而，这不过是他行为的表象而已，其实他是在责备别人。

我来拿一个相当著名和有影响力的女人为例，在一次意外后，她感觉自己不再能继续社会生活。她有三个女儿都已结婚并搬离开家，她感觉非常寂寞。大约在同时，她的丈夫也不幸过世。

她以前就被宠坏了，于是她试图找回失去的东西。她开始到国外旅行。不过，她总觉得自己不如以往重要，在国外的一次旅途中，她开始出现忧郁症。她的新朋友相继抛弃她。

忧郁症是一种失常，对每一个患者都是一大考验。她发电报要女儿过来陪她，但她们都有借口，没一个女儿过来看她。回到家后，她最经常挂在嘴边的一句话是：“我的女儿们一直对我很好。”三个女儿任她一个人在国外，她们请护士照顾她，如今即使她已回到家，也只偶尔过来看她一下。这些话是一种谴责，每个熟悉个中内情的人都知道。忧郁症就像一股对别人积久不去的愤怒和叱责，患者主要的目的是在取得关爱、同情和支持，虽然患者本人表面上只一味自责。一个忧郁症患者的第一个记忆是这样的：“我记得我想要躺在沙发上，但哥哥已先躺在里面。我拼命大哭，最后他只好让我。”

忧郁症患者经常有用自杀来报复他人的倾向，医师的当务之急是避免让他们有自杀的借口。我个人在做治疗，并试着纾解他们的压力时，首先一定先跟他们说：“决不要强迫你自己做不喜欢的事情。”这句话乍听之下似乎无足轻重，但我相信它直抵问题的根源。假如忧郁症患者能够自由做他爱做的事，他还能怪谁呢？有什么可让他想报复的？“如果你想去看戏，”我跟他说，“或者度个假，你就去做吧。如果你不想，你也就别麻烦自己去做。”

这是最适合任何人的状况，满足了他优越的需求。他就像上帝一样，爱做什么就做什么。另一方面，这在他的生活风格里却不容易做到。他的生活风格是支配和责怪别人，如果大家都对他百依百顺，他还能怎么支配人呢？这个方法通常非常有效，我的忧郁症病人里没有一个人自杀。当然，可以了解最好有人看顾这类病人，只要有人在旁看视，他们就没有危险。

对于我上述的那一句话，我经常听到病人回答：“但没有一件事情是我喜欢做的。”我早有准备会听到这种回答，因为我不知听过几千遍了。

“那么就限制你自己，不要做你不喜欢的事情吧。”我说。

不过，有时候他会回答说：“我应该会喜欢整天待在床上。”

我知道如果我回答说：“没问题，你尽管去做吧。”他一定不会再想要那么做。我也知道假如我阻止他，他会开战。所以我总是表示赞同。换个说法更能直击他的生活风格。我告诉他说：“如果你照这个处方按时吃药，十四天后你就能痊愈。这个处方是，每天试着想想你能怎么取悦某个人。”想象一下这对他们有何意义。他们通常被“我如何让某个人担心我”的思绪占满。

他们的答案非常有趣。有的人说：“这对我很容易。我已经做了一辈子。”

当然，他们根本就没做过。我要他们考虑一下。他们根本不考虑。我告诉他们说：“你可以利用所有失眠的时间，来思考你如何能取悦某个人，你的病情会取得戏剧性的改善。”第二天当我看到他们时，我问道："你想过我昨天的提议吗？"

他们回答说："昨晚我一上床就睡着了。"当然，在这整个过程里你必须态度谨慎和友善，千万别让病人察觉出你有一丝优越感。

其他病人可能会回答说："我永远也做不到，我担心得要命。"

我会这么告诉他们："别停止担心！但在你担心的同时，偶尔你可以想想其他人。"我想要导回他们对其他人的兴趣。

许多病人会说："为何我该取悦其他人呢？其他人也没试着让我高兴啊。"

"你必须为你自己的健康设想，"我会回答说，"不为其他人设想，以后也不会有好的结果。"极少数病人会回答说："我照你的建议想过。"我所有的努力都是为增进病人的社会兴趣。我知道他们忧郁的真正原因是缺乏合作，而且我也要他们自己看清楚这点。一旦他跟同伴之间的关系能够站在平等和合作的立足点，他就痊愈了。

人为疏失罪

另一个明显缺乏社会兴趣的例证是所谓的"人为疏失罪"。一个男人掉下手里一根点燃的火柴，引燃一场森林大火。或者，最近有一个个案是，一个工人收工回家时忘记收好电缆，任由电缆横跨在路上。一辆经过的汽车因而翻覆，车中乘客全数当场死亡。这两个人并未蓄意伤害他人。虽然实际上灾祸已造成，但道德上他们似乎也不觉得自己有罪。因为他们根本不懂得为别人着想，同时也不觉得自己有保障别人安全的责任。他们就跟我们先前讨论过的懒散小孩、踩在别人脚上的人、丢破碗盘或扫下壁炉上摆饰的人一样，属于高度缺乏合作能力的另一群人。

◎社会兴趣与社会平等

我们对人类的兴趣由家庭和学校教育得来，而且我们已经了解小孩的发展有哪些障碍。社会感或许不是遗传的天性，但它的潜能人人与生俱有。这个潜能的发展，取决于父母的技巧和他们对子女的兴趣，以及小孩对自己环境的判断而定。如果他觉得其他人跟他为敌，所有人把他逼往墙角，我们就不能期待他会结交朋友，或变成别人的好朋友。如果他觉得其他人应该是仆役，为他服务，他就不会想帮助别人，只会希望统治和支配他们。如果他只在意自己的感觉、生理上的苦恼和不舒适，他就会封闭自己。

我们已经了解，最好让一个小孩感觉他的价值跟家里的其他成员相等，让他对家里的其他成员都有兴趣。我们已经了解父母应该彼此友善对待，应该跟家庭以外的其他人保持良好和紧密的友谊关系。如此一来，小孩会感觉家庭圈子以外的人跟家人一样值得信任。我们也了解，小孩在学校里应该感觉自己是班上的一分子，是其他小孩的朋友，他能够信赖这些友谊。家庭生活和学校生活都是为小孩未来在大社会里的生活做准备。家庭和学校的目的，是在教育小孩长大成为社会的一分子，人类里平等的一员。唯有在这些情况下，小孩才能够继续保持勇气和自信心，勇敢面对生命问题，并以促进人类福祉的方式把这些问题一一解决。

如果他能够成为大家的好朋友，透过有用的工作和快乐的婚姻贡献社会，就永远不会有自卑感或有被别人打败的感觉。他会感觉："这个世界是我的世界。我必须积极行动和组织，而不是被动等待。"他会完全确定"现在"是人类历史唯一的阶段，他属于人类进步与社会的整体过程——过去、现在和未来。但他也会感觉现在就能够实现他的创造力，并为人类进步于社会发展贡献一己之力。这个世界确实存在弊病和困难、歧视和灾难，但它是我们的世界，它的优点和缺点都是我们的，我们要致力改善。如果每个人以正确方式面对工作，我们就可以冀望每个人都能够扮演好改善这个世界的角色。

第十二章
爱与婚姻

◎爱、合作与社会兴趣的重要性

在德国某些地区，有一项考验订婚男女适合婚姻生活与否的古老传统。婚礼进行前，新郎和新娘被带到一块空地上，地上躺着一棵树干。在这里他们拿到一把双人锯，然后开始把树干锯成两截。这项考验是在测试他们愿意彼此合作的程度有多少。如果彼此缺乏信任，他们只会互相拉扯却锯不断树干。如果有一个人想要主导并独力锯树，即使另一半愿意放弃，也要花上两倍时间完成工作。他们两人必须一样进取，动作必须和谐。这些德国村民明白，合作是婚姻成功的首要条件。

如果有人问我爱和婚姻的意义，我会给它做如下定义，或许它还不够完整：爱，和它在婚姻里的实践，是对异性伴侣最亲密的奉献和付出，透过生理吸引、友谊和生儿育女的决定表达。爱和婚姻是人类合作的必要因素——不仅为谋取两个人的利益，同时也为促进人类共同福祉而合作。

爱和婚姻是为促进人类福祉所构成的合作，这个立足点为爱和婚姻这个主题的每一面提供了说明。连生理吸引，人类最重要的一股冲动，一直都是人类非常必要的发展。我经常一再解释说，人类本身有许多弱点，没有一个人能够独自在这地球上生存。繁殖是唯一能够延续人类生命的方式。所以我们具有生育能力，并有生理吸引的不断刺激。

今日，我们发现爱的问题引起困难和纠纷。夫妻遭遇这些困难，父母关切它们，整体社会亦遭波及。因此，如果我们试图找出正确结论，使用的方法就必须客观和公正。我们必须尽量忘却已经学到的东西和试过的方法，不涉及其他考量，以充分和自由讨论的方式研究这个主题。

这并不是表示说爱和婚姻问题能被当成一个单独的问题研究。一个人永远不能以此方式获得解答，他永远不能单凭个人想法，找到解决问题的方法。其实，每一个人都受到绝对的限制，他在某一个框架内发展，他的决定必须应此框架而生。诚如我们已经了解的，这三个主要的限制，源自于我们居住在宇宙同一个星球的事实，我们的发展受到所处环境和状况的限制；我们生活周围有其他人群，我们必须学习适应；还有我们分成男女两性，我们种族的未来依赖这两性关系的良好发展。

也有其他人并不关切人类的福祉。与其给予生命的观点是

“我能贡献同胞什么？”或“我如何成为全体的一分子？”他们反而更容易问自己：“生命能给我什么？”“其他人够注意我吗？我获得适当的激赏吗？”如果一个人对生命抱持着这种态度，他会试着以相同的态度解决爱和婚姻的问题。他总会问说：“我能从它里面获得什么？”

爱不像有些心理学家相信的那样，纯粹是自然作用。性是一种取向或本能，但爱和婚姻不仅为满足这个取向而已。我们在观察中发现，我们的取向和本能获得发展、培养和精炼，就要压抑某些欲望和取向。比如为了人类的利益着想，我们学会避免互相攻击，学会自我清洁和保持外表干净。连我们的饥饿感也不再有一个纯粹自然的出口。

我们培养出饮食方面的品位和人与人相处之间应有的礼仪。我们全部的取向与共同的文化配合，这反映出我们学习为维护人类和社会福祉所做的努力。

假如我们应用这个了解，放在爱和婚姻的问题上，我们会再次发现必须顾及整体利益，亦即是全体人类的利益。这个利益最为首要。对于爱和婚姻的问题，除非我们采取广泛的观点，考量人类整体福祉下才能获得解决，不然做再多讨论，提议再多让步，改变、制定再多新规则或制度都毫无助益。也许我们会改善，也许我们会找到更满意的解决办法，但如果真找到较好的答案，它们较好是因为充分考虑到人分为男女两性，同住在一个星球之上，人类若要生存就必须合作的事实。迄今我们的答案已把这些状况考虑在内，里面所包含的真理能够永垂不朽。

◎平等的伴侣关系

当我们使用这个方式时，对于爱的问题的第一个发现是，它是两个个体的工作。对许多人来讲，这必定会成为一个新工作。在我们早期的训练里，有些教导我们要独立工作，有些教导我们要群体工作。相对我们比较没有两人配合的工作经验。因此，这些新状况提出一个问题。但如果这两人对同伴都有兴趣，这个问题就容易解决得多，因为他们更容易学会对彼此发生兴趣。

我们甚至可以说，若要充分理解两个伴侣间的合作，每一个伴侣对对方必须比对自己更有兴趣。这是爱和婚姻能够成功的唯一基础。如果每个人对另一半的兴趣高过对他自己，他们的关系就会平等。假如达成这种亲密和共同的奉献，就没有一个伴侣会有必须服从和遭受压抑的感觉。然而，必须夫妻双方都抱持这种态度，才可能达成真正平等的婚姻关系。夫妻应该竭尽所能地让对方的生活舒适和丰富。如此一来，每个伴侣感觉安全，感觉自己的努力值得，感觉自己被对方需要。在这里我们找到保障婚姻成功的基础与快乐婚姻的基本意义。它是你觉得值得，没人能够取代你，你的伴侣需要你，你的表现良好，你是一个好同伴和一个真正的朋友。

伴侣在合作的工作里，不可能接受卑屈的地位。若有一个人想支配、强迫另一个人服从，这两个人就无法一起过丰硕的生活。这就是我们何以有许多不快乐婚姻的原因。没人能忍受次等地位，并且毫无愤怒和怨恨。伴侣必须平等，而当人平等时，他们总能找到方式解决他们的困难。比如他们会就生儿育女与否达成共识。他们明白若决定不生小孩，将反映出他们不愿意保障人类的未来。他们会就小孩的教育问题意见一致，一旦有问题发生，他们会积极去解决，因为他们知道不快乐的婚姻对小孩不利，同时也影响小孩的发展。

◎婚前准备

在目前的社会里，鲜少有人充分准备好合作。我们的训练过度强调个人的成功，我们思考生命能给我们什么，远甚于我们能给生命什么。当两个人需要亲密生活在一起时，我们很容易了解，若他们在合作、专心为对方着想的能力上有任何失败，将导致最严重的结果。大部分人都是第一次经历婚姻这个紧密关系。他们不习惯为另一个人的利益和目标、欲望、希望和抱负着想。他们尚未准备好分享工作。所以我们才会看到周围出现许多错误，但现在该是时候让我们检讨这个事实，并学习如何在未来避免发生错误。

生活风格，父母与婚姻态度

成人生活里的每一个危机，都跟我们小时候收到的早期训练有关。我们对生命问题的回应，总配合我们的生活风格。我们准备的婚姻不是一夕可成。我们能够由一个小孩的行为、态度、思想和动作里，看出他如何为未来的成人生活做准备。他对爱的观念在十五或十六岁前便已建立。

当小孩很小显出对异性有兴趣，并为自己选择伴侣时，我们绝不应该认为这种行为错误，或是个麻烦，或是早熟的性冲动。我们更不应该嘲笑小孩或拿它来开玩笑。我们应该把它当成小孩为爱和婚姻做准备的步骤。与其抑制小孩，还不如应该支持小孩，因为爱代表一项不可思议的挑战，一项他该事先准备的挑战，一项他应该代表全体人类面对的挑战。如此一来，我们能帮小孩在心里建立一个理想，他们长大后将能够在亲密关系里，把伴侣当成同伴和朋友。我们在观察中明显发现，小孩自然由心地喜欢一夫一妻制，尽管他们父母的婚姻不见得是和谐和快乐的。

假如父母的婚姻一直和谐和快乐，我们就能做好更佳准备。小孩对婚姻最早的印象来自父母的婚姻，所以大部分生命失败的人，都是来自破碎家庭和不快乐家庭的小孩，这一点儿也不让人意外。如果父母本身无法合作，他们不可能教导子女合作。我们发现，了解个体是否在正确的家庭气氛下长大，观察他对父母和兄弟姊妹的态度，是判断他适合婚姻与否的最佳方式。

他由哪里获得对爱和婚姻的观念，这个因素最为重要。我们已经了解一个个体的成长不是取决于他的环境，而是受他对此环境的诠释影响。有可能他的父母婚姻生活非常不快乐，所以刺激他立志要比父母做得更好，他可能奋勉让自己对婚姻做好充分准备。我们永远不该拿不幸福的家庭背景来评判或否定一个人。

友谊与工作的重要性

友谊是能够促进社会感发展的另一个方式。友谊让我们学会用另一个人的眼睛来观看事物，用他的耳朵来聆听，用他的心来感觉。如果一个小孩感觉挫败，如果他受到严密看管和保护，如果他在没有朋友、没有玩伴的封闭环境里成长，就无法发展结交朋友的能力。他会认为自己是这世界里最重要的人，以确保他自己的利益为最高原则。

友谊训练是为婚姻所做的准备。假如小孩能透过游戏学习合作或许有助益，但我们经常只看到小孩在游戏里表现出竞争和超越别人的欲望。安排两个小孩一起工作、读书和学习可能极有帮助。我相信我们不应该低估舞蹈的功能。舞蹈是一项两个人共同参与的休闲嗜好，我相信小孩学习舞蹈非常有帮助。我说的舞蹈跟现代观念不一样，现代舞蹈更像一种表演，不像两个人分享的活动。然而，假如我们能为小孩设计简单和容易的舞蹈，对他们的发展会有极大帮助。

工作问题也能够协助人准备面对婚姻。现代人在面对爱和婚姻前，通常会先遭遇工作问题。一个伴侣，或者他们两人必须要有工作，这样他们才能够赚取生活费用以支持一个家庭。很明显地，婚前准备亦包括了工作准备。

性教育

我永远不鼓励父母过早给子女性教育，或灌输超过他们所需的性知识。显而易见地，一个小孩看待婚姻的方式非常重要。

如果父母对性教育这个主题处理不当，他会把性视同一种危险或某种了解不了的东西。根据我个人的经验，约于四五岁过早接触成人关系的小孩，或有早熟经验的小孩，长大后比较害怕爱的问题。如果小孩第一次接受性教育时已经够大，长大后他就不会这么害怕，而且他在性关系上较不会犯错。

性教育的关键是绝不跟小孩说谎，绝不回避问题，了解他问问题背后的原因，只解释他希望知道的知识。强制灌输过多资讯对小孩有害。生命的问题，就跟其他问题一样，最好让小孩独立获取，让他靠主动发问学习想要知道的知识。如果他跟父母彼此信任，就不会受到伤害。

有一个认识偏差认为小孩能够由同伴处取得性教育和性知识。一个受到良好合作和独立训练的小孩，绝不会听从友伴耳语相传的性知识，而且我也从未见过健康的小孩受此伤害。小孩不会全盘接受同学说的每一件事情。大部分时间他们会保持怀疑的态度，如果他们不确定同学说的话真实与否，他们会问父母、哥哥或姐姐。我也必须承认，我经常发现小孩在这方面比年纪大的人还更慎重和机敏。

伴侣选择的影响

小孩成年后，在性方面开始出现生理吸引，也是从小学习而来的。小孩取得有关怜爱和吸引方面的印象，他周围环境的异性给他印象，这些印象是生理吸引的开端。一个男孩由母亲、姊妹或周遭女生那里取得这些印象，他长大后能在生理上吸引他的女性，她们的类型会跟他在早期环境里接触到的女性类似。有时候他也会受艺术品影响，每个人依此方式建立出个人审美观。

这个对美的搜寻不是毫无意义的搜寻。我们的审美感以健康和为改善人类的欲望为基础。我们全部的功能、全部的能力，引导我们朝此方向发展。我们无从躲避。那些看似永恒，对人类福祉和未来有贡献的事物，我们希望小孩朝它发展的象征称为美。这是永远不会停止吸引我们的美丽。

有时候，如果一个男孩跟母亲，或一个女孩跟父亲的关系出现困难（经常在父母不够合作时发生），长大后他们会寻找跟父母迥然相反的伴侣。比如一个男孩的母亲总爱挑剔和欺凌他，如果他很脆弱、害怕被支配，他可能发现只有那些个性不蛮横的女性才能在生理上吸引他。如果他容易犯错，就可能寻找一个看起来很坚强的伴侣，他会如此选择若不是因为他偏爱坚强的女性，就是因为他发现她更能挑战他的力量。如果他跟母亲间隙很大，可能妨碍他对爱和婚姻问题的准备，甚至阻碍他对异性产生生理吸引和兴趣。这种阻碍有许多程度，程度最严重的能使得他彻底排斥并拒绝异性。

◎婚姻的承诺与责任

一个个体对爱和婚姻最糟糕的准备，莫过于他以自己的利益作为学习的出发点。如果他以此方式成长，他将把一生时间花费在怀疑能由生命里获得什么乐趣或刺激上。他会要求伴侣给他自由和让步，从不思考他能给伴侣什么舒适和丰富的生活。这是最悲惨的方式。对于这种男性，我会比喻说他是想从马尾帮一匹马套上项圈。这是处理事情的错误方式。

因此，在我们准备爱的态度里，不该寻找借口和逃避责任的方法。犹豫和怀疑滋润不了爱的花朵。合作需要一生的承诺，婚姻若没有坚定不移的承诺，就不能称之为婚姻。这个承诺包括了我们要生儿育女、教育儿女、训练子女合作，并致力让他们成为社会里有用的一分子，成为人类真正平等和负责的一员。一个良好婚姻是我们抚育下一代长大的最佳方式，婚姻应该具有这个目标。婚姻实际上是一件工程，它有自己的规则和法制。我们不能选择只专注在它的某一面，在不破坏合作这个永恒法制下忽视它的其他层面。

如果我们限制自己负婚姻责任五年，或把婚姻当试验品，就不可能达成真正的亲密和奉献。假如男性或女性公开拿上述选择作为逃避的借口，那么他们并未全力做好婚姻的工作。我们永远不能给人生里任何严肃的问题安排“退出条款”。我们不能限制我们的爱。所有试图为婚姻寻找权宜措施的人都走错道路。他们提议的权宜措施会扰乱已婚夫妇，只会让他们更容易选择退出，以及逃避原先应该做的努力。

我知道我们的社会里有许多阻碍人们以正确方式解决爱和婚姻的问题，尽管他们有心想要解决。然而，我觉得我们应该排除的不是爱和婚姻，而是排除社会里的障碍。我们知道一个相爱的伴侣关系必要的特质是什么——忠实、诚实、可靠、没有保留、不自我追求……

常见遁词

假如一个人相信忠实一天就已足够，他显然尚未准备好接受婚姻。伴侣双方若同意各自保有“自由”，就不可能达成真正的伴侣关系。这不是伴侣关系。在伴侣关系里，我们没有选择方向的自由。我们已经许下合作的承诺。我来举例说明一个严重妨碍婚姻和人类福祉的私下协议，以及如何同时伤害伴侣双方。一个离婚的男人和一个离婚的女人结了婚。他们两个都是有良好教养和聪明的人，同时都诚挚盼望这桩婚姻比从前好。然而，他们不明白自己的第一次婚姻为何会失败，在不明了自己缺乏社会感的同时，他们却寻求一桩更好的婚姻。他们说自己是自由思想者，想要一桩现代婚姻，不想彼此被闷死。于是他们提议双方在各方面都保有绝对自由，他们可以各自做自己想做的事情，但他们会相互信任，知会对方每一件事情。

结果丈夫似乎比妻子更有冒险心。每天回家后他总有许多鲜活的经验可以告诉她，她似乎也非常喜欢听，并以丈夫的成功为荣。她总有意挑逗别的男人或开始婚外情，但在她真正付诸行动前却得了广场恐惧症。她不再敢单独出门，神经症害得她整天把自己关在房间里面。假如她跨出房门一步，心里的恐惧使她不得不退回房间里。她用广场恐惧症来阻止先前决定的行为，但它的意义不仅于此。最后，由于她不能独自出门，丈夫被迫留在家里陪她。现在你能了解婚姻的逻辑如何被他们的决定破坏。丈夫不再能当自由思想和自由行动者，因为他必须陪在妻子身旁。她也使用不了她的自由，因为她害怕单独出门。这个女性若想痊愈，她必须对婚姻取得更多了解，她的丈夫也必须明白婚姻是一种合作的伴侣关系。

其他错误在婚姻开始之初就已铸下。一个自小遭家人宠坏的男性经常感觉妻子冷落他。他并未接受配合社会生活要求的训练。一个自小被宠坏的小孩结婚后，可能变成婚姻里的暴君，另一半感觉受害和受钳制，开始反抗。观察两个骄纵的小孩结成夫妻后的进展情形很有趣。他们俩都只顾自己的利益，彼此要求对方的注意，他们没有一个会感觉满意。下一步他们会寻求逃避，其中一个会开始挑逗别人，希望获得另一位女士的注意。

有些人无法只跟一个人谈恋爱，必须同时跟两个人谈情说爱。这让他们感觉自由。他们总能由恋爱里逃走，永远不用承担爱的全部责任。其实，这种人是两头皆空。

还有一些人编织一种罗曼蒂克理想式或难以获得的爱，如此一来，现实里他们不需要去接近异性，他们沉迷于自己的感觉就已足够。一个浪漫、理想式的爱情，能够排除掉所有的追求者或候任者，因为在现实生活里没人能够忍受得了这种爱情。

许多男性和女性由于成长的错误，长大后变得不喜欢或排斥自己的性别。他们压抑自己的自然功能，生理失能，无法达成成功的婚姻。这就是我先前所说的“雄性主张”，它应我们重男轻女的文化而生。如果一个小孩不断怀疑自己的性别，他们就会有很深的不安全感。

在我们的文化里，经常有人难以认同自己的性别角色。这可能是所有女性性冷感和男性阳痿的原因。这些个案主角透过生理抗拒，显示出他们对爱和婚姻的抗拒。除非我们真正相信男女平等，不然这些障碍不可能避免。只要有一半人有理由不满意自己，这份不满将会是婚姻成功的巨大障碍。在这里我们的补救方法是教育小孩男女平等，在此同时，永远不该让小孩怀疑自己未来的角色。

我相信，避免发生婚前性行为较能保障爱和婚姻的亲密奉献。私底下我发现大部分男性并不喜欢伴侣不是处女。有时候他们把这件事，当成女性水性杨花的象征，妻子不是处女让他们大为震惊。此外，在我们的文化里，婚前性行为较容易导致女性情绪紧张。若婚姻是以恐惧，而不是以勇气做出发点，这也是很大的错误。我们了解勇气是合作的一面，假如男性和女性是出自恐惧才选择伴侣，这显示他们并不想真正合作。当他们选择严重酗酒、社会地位或教育大不如人的伴侣时也一样。他们害怕爱和婚姻，希望建立一个伴侣会尊敬他们的状况。

◎求爱时期

一个人追求异性的方式，透露出他的勇气和合作能力的大小。每个个体都有他特别的方式，人在求爱时期有他特别的举止和性情，这和他的生活风格一致。他在谈恋爱时期的行为显示出他有自信和合作能力，并“愿意”维护人类未来，或他仅对他自己有兴趣，在此阶段战战兢兢，不断以“我给人什么印象？他们认为我这个人怎样”的问题来自我折磨。一个男性在追求女性时，步调可能缓慢和谨慎，或是鲁莽和急躁。不管怎样，他的生活风格构成他求爱时期的表现，这不过是他表达生活风格的另一种方式而已。我们不能依靠男性在求爱时期的表现，来判断他适合婚姻与否，因为在此之前，他早已有一个直接目标，可能导致他在其他方面犹豫不决。然而，我们依然能够从他在求爱时期的行为里瞧出一些个性。

我们的文化一般认为应该由男性采取主动，由男性追求女性。只要这个观念存在一天，我们就有必要训练男孩秉持男性态度——率先主动，绝不迟疑或逃避。然而，唯有他们感觉自己是整体社会的一分子，并坦然接受自己的优缺点，他们才能被训练。当然，求爱时期女性也必须参与，她们也需要率先行动，但目前在我们西方的文化里，她们感觉自己有必要稍做保留，她们的求爱可由外表、穿着方式、肢体动作，以及她们观看、说话和聆听的方式里瞧出端倪。因此，我们或许可以说男性求爱的方式比较简单和肤浅，女性则比较深奥和复杂。

◎成功婚姻

婚姻的生理层面

对伴侣产生性吸引是必要的，但应该以维护人类福祉的欲望为依归。如果伴侣间彼此真正有兴趣，性吸引永远不会衰减。一个性吸引衰退的个案表示对伴侣缺乏兴趣，告诉我们这个个体不再感觉伴侣关系平等，而且他不再希望丰富另一半的生活。有时候，一般人可能以为他们依然对伴侣有兴趣，但生理吸引却消失了。这绝对不是真的。有时候人的嘴巴说谎，或心灵不能了解，但身体功能总说出真相。身体功能有缺陷，表示这两个人并未取得真正共识。他们对彼此失去兴趣。他们至少有一个人，不再想要面对爱和婚姻的问题，却在找逃避的借口。

另一方面，人类的性取向跟其他生物截然不同。它持续不断。这也是人类生命和福祉获得保障的原因。其他生物则借由其他自然方式确保生存，比如我们发现许多雌性物种制造大量的蛋，这些蛋里有许多来不及成熟，里面有许多不见或遭破坏，但由于数量庞大，最后总有一些能够存活下来。

人类也一样，生儿育女是确保生存的一个方式。因此，我们发现在爱和婚姻这个问题上，那些对人类福祉有兴趣的人多半会生育子女，而没兴趣的人，不管他们知不知道，多半拒绝生殖的包袱。如果他们对别人总是要求和期待，从不给予，他们就不会喜欢小孩。他们只对自己有兴趣，他们把小孩当成负担和麻烦，当成某种会占据时间和注意的东西，既然如此，他们还不如把时间和注意用在自己身上。因此，我们可以说，若要充分解决爱和婚姻的问题，养儿育女绝对必要。我们知道良好婚姻是养育人类下一代的最佳方法，所以生育小孩应该是婚姻不可或缺的一部分。

一夫一妻制，认真努力与现实

在实际社会生活里，解决爱和婚姻的办法是一夫一妻制。一个人若开启夫妻关系，他就必须对另一半奉献和关心，他不能动摇这个关系的基础或寻找逃避的借口。我们知道婚姻有可能破裂。不幸地，我们避免不了这种情形，但如果我们把婚姻和爱当成一个社会功能，是分内必须去做的工作，就比较容易避免婚姻破裂。那么我们就会为解决这个问题竭尽所能。

夫妻离异一般是因为伴侣间不够努力，他们并未认真让自己的婚姻成功，他们只纯粹在等待，以为成功婚姻会凭空而来。如果他们以此态度和方式面对问题，注定要失败。把爱和婚姻视为一种理想状态，或者它自然会像童话故事般有个快乐结局。这样想是个大错误。

我们的文化过于把婚姻当成结局，一个终极目标。比如我们能够在数以千计的小说里看到这个观点，里面总以男女主角结婚做结局，其实他们的生活才刚开始。然而，一般人经常以为婚姻能够使一切变得圆满，仿佛一对结婚新人冲破终点线，赢得胜利，从此过着幸福快乐的生活。

婚姻关系里一点神奇都没有。如我们已经了解的，每个个体对待婚姻的态度，是他生活风格的一种表达，所以我们若无法完全了解一个人，就无法了解他对婚姻抱持哪一种态度。他对婚姻的态度跟他追求的目标一致。比如我们能够找出，何以许多人寻找借口逃避婚姻责任。我可以准确告诉你哪些人有这种逃避的态度：那些从小遭宠坏，长大后依然想被娇宠的人。

这种人对社会造成危险——这些长大成人的被宠坏的小孩，他们的生活风格在四五岁时就已固定：“我能获得想要的一切吗？”他们无时无刻不这么自问着。如果获得不到想要的一切，他们就认为生命毫无目的。“假如我得不到我想要的东西，”他们问道，“活着有什么用？”他们变得悲观。他们心怀一个“死愿”（death wish）。他们让自己生病、变成神经症者，他们从自己错误的生活风格里，构架出一整套社会哲学。他们觉得错误的想法是唯一重要的。如果他们必须压抑自己的欲望和情绪，就会感觉整个宇宙故意跟他们过不去。这是他们被抚养长大的方式。许久以前，他们曾经活在黄金年代里，那时他们收到想要的一切。也许有些人至今依然觉得只要他们哭得够久、抗争够剧烈、拒绝合作，就能再次获得想要的一切。他们并不把生命和社会看成一个整体，却只强调自己的个人利益。

结果他们不想贡献，总想凭空不劳而获。婚姻对他们也一样，不过像是某种“不满意就可以退货”的货品罢了。他们想要友爱婚姻（companionate marriage），试验性婚姻，自由离婚。他们在婚姻一开始便要求保有自由，还有，如果他们需要，就可以有不忠的权利。一个人若真关爱另一个人，就必须展现出这份关爱的特质，他必须可靠和忠实，是伴侣真正的挚友。除非爱和婚姻满足这些要求，不然他在解决生命的第三大问题上就算失败。

也有必要关切小孩的福祉，假如一对夫妻的婚姻基础不同于前述的观点，他们在养育小孩方面将遭遇巨大困难。如果一对夫妻争吵不断，贬低婚姻的价值，对婚姻的看法不正面，不断互相指责问题出在对方，整个情况对小孩不是非常有利，同时亦难以协助小孩培育社会责任感。

◎解决婚姻问题

人为何不该住在一起可能有它的理由。但该由谁决定呢？我们要将决定权交到不了解婚姻是合作的工程，而且只在意自己生活的人手里吗？他们看待离婚的态度跟结婚相同：“我能够由它里面获得什么？”

显然不该由这些人决定。你经常会看到不停离婚又再婚，一直犯相同错误的人。那么该由谁决定呢？或许我们可能以为婚姻若出现问题，该由精神医师决定夫妻应该离异与否。不过有一个问题。我不知道在美国情形怎样，但在欧洲我发现大部分精神医师认为个人利益最重要。因此，总体上如果他们负责这种个案，他们会建议病人去找一个爱人，他们认为这个办法可能会解决问题。我确定他们不久就会改变心意，停止给病人这种建议。他们之所以会提议这个解决办法的原因，是他们不了解爱和婚姻是整体人类的问题，爱和婚姻的问题涉及生命的其他问题。我提供个人的见解给大家思考。

另一个错误是把婚姻当成解决个人问题的方式。在这里我要再次重申，我不知道在美国情形怎样，但我知道在欧洲如果一个男孩或女孩变成神经症者，精神医师经常建议他们去找爱人开始性关系。他们也给大人相同建议。这实际上是在减低爱和婚姻的价值，让它纯粹变成药物，那些使用这些“药物”的人注定婚姻失败。解决爱和婚姻问题最适当的办法，是整个人格的最高实践。一个快乐的生命，一个有用和值得的角色，绝对不会发生问题。我们不能把爱和婚姻当成琐碎小事，或把爱和婚姻当成解救罪犯、酗酒者或神经症者的解药。一个神经症者在适合爱和婚姻前需要接受正确治疗，如果他在无法正确接受爱和婚姻前便先行尝试，必定会遭受新的危险和不幸。婚姻高不可及，不可能变成一个理想，解决婚姻问题的工作需要太多努力和创意，所以额外加重了人类的负担。

有些人怀着不正当目的进入婚姻：有些人为获得经济保障结婚；有人结婚是因为他们同情某个人；或因为他们想要佣人才结婚。婚姻容不下这些不恰当的理由。我甚至知道有些人结婚只为帮自己制造更多困难。或许一个年轻人在读书或工作上出现困难，他感觉自己就要失败了，想帮自己的失败找个借口。结果，他结了婚，拿婚姻的额外工作作为失败的借口。

◎婚姻与两性平等

我相信我们不该低估或轻视爱的问题，反而要更重视它。在我听过的所有解救方法里，实际受害的总是女性。在我们的文化里，男性的生活是比女性要轻松自在。这是社会错误看待婚姻的结果。个人的反抗克服不了问题。尤其是婚姻本身，一个人反抗会同时影响伴侣的关系和幸福。唯有认识我们文化的一般态度并努力加以改变，这个问题才能够克服。我的一个学生，底特律的罗塞教授（Professor Rasey）进行过一项调查，他发现受访的女孩里有42%想当男生，这表示她们不满意自己的性别。在半数人类失望、沮丧，排斥自己的社会地位，并羡慕另外一半的人有较多自由的情况下，我们如何解决爱和婚姻的问题呢？如果女性总遭低估，相信她们只不过是男性的性对象，或相信男性用情不专和不忠天经地义，这个问题能够容易解决吗？

我可以把我们全部的介绍归纳出一个简单、明显和有帮助的结论。人类不是天生一夫多妻制、一妻多夫制，也不是一夫一妻制。但我们全体同住在这个星球上，虽然我们人人平等，但依然分成男女两性。我们已经了解大家都必须解决生命的三大问题。这些事实告诉我们，一夫一妻制最能保障个体在爱和婚姻获得最圆满和最高度的发展。